国家社会科学基金重大项目（17ZDA059）子课题
甘肃省"双一流"科研重点项目（GSSYLXM–06）

研究成果

区域环境协同治理：
演进、机制与模式

陈润羊◎著

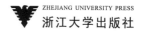

ZHEJIANG UNIVERSITY PRESS
浙江大学出版社

序言一

　　《区域环境协同治理：演进、机制与模式》是陈润羊教授在其博士论文的基础上修订而成的专著。该书按照"治理事件—治理机制—治理结构"的研究逻辑，系统分析、深入探讨了区域环境协同治理的基本问题、演进逻辑和区域模式，构建了由协同治理多个基本因素构成的理论框架体系，分析了1949年以来我国环境治理的演变历程。该书揭示了我国环境协同治理的演进逻辑，探索性地研究了区域环境协同治理的机制和模式，实证分析了环境规制协同治理的效果，提出了具有借鉴价值的对策建议。该专著的特色如下：

　　一是选题具有理论价值和现实意义。随着生态文明建设理念日益深入人心、公众对生态环境治理意识的崛起，党和政府对生态环境保护的重视程度日益提高，并采取各种环境规制手段来解决和修复环境问题，环境规制强度不断加大，我国的环境治理取得了一定的成效。区域协同治理也是碳达峰碳中和目标实现的重要抓手。但是由于环境资源、环境污染存在空间流动性，环境规制不只局限于区域内部，区域之间的环境协同治理也至关重要。由于市场机制、政府干预机制失灵等因素，区域环境协同治理过程中存在"治理失灵"问题。既有环境规制相关研究主要对地区内部、行业内部环境规制的治理效果进行研究，区域环境协同治理方面的研究还比较缺乏。该书对区域环境协同治理的协同体系、协同机制进行了详细的分析，并实证检验了我国区域环境协同治理的治理效果，最后结合我国实际提出相关政策建议，有助于更好地发挥区域环境协同治理的作用。

二是采用理论分析与实证分析相结合的方法。首先，构建理论框架分析区域环境协同治理的协同体系和协同机制，接着提炼和总结了我国的协同治理模式，然后基于城市面板数据实证检验我国环境协同治理实践的效果。理论分析与实证分析结合，实证分析基于实际数据对理论基础进行检验，由此得出的研究结果更具应用参考价值。该书分析了区域环境协同治理面临的现实挑战：生态系统的完整性与人为管理的分割性、污染的无界性与管理的有界性、属地管理的限定性与跨界治理的延展性、经济效益的短期性与环境效益的长期性以及环境治理过程的不一致性等，进而从外部性与"搭便车"、个体理性与集体理性的偏离、政府间纵向委托代理与横向竞合博弈等3个层面深入追索了区域环境协同治理困境的理论缘由。其次，分别从全国层面以及京津冀地区、长三角地区等重点区域层面实证分析了环境协同治理的效果。既从全国层面进行研究，得出的研究结论对制定政策具有参考价值，同时还对京津冀地区、长三角地区这两个重点区域的环境协同治理效果进行了分析，有利于检验环境协同治理效果的空间差异性，并根据研究结论有针对性地提出了对策建议。

三是深入到治理结构的制度分析。环境治理是国家治理体系的重要组成部分，深入考察环境治理的制度背景，才能把握环境治理的本质。针对目前大多数研究只进行"治理事件—治理机制"的单维研究链条的不足，该书进一步深入到"治理结构"的考察上，在统一性框架下分析了中国环境协同治理的演进历程、趋势特点和基本逻辑。全面回顾和总结中国环境治理体系的发展历程，从政府、市场和社会三者关系演变的视角分析了我国环境治理主体的演进过程，也概括总结了我国环境治理的典型特征，进而揭示了我国环境治理演进的趋势性特点，以求系统探讨我国环境治理演进的路径，深刻把握中国环境协同治理演进的基本逻辑，从而深化基于中国环境实践的理论认识，有助于深入探讨中国环境治理的核心理念及其理论体系。

四是注重典型案例的深入挖掘。在我国的环境协同治理实践探索中，涌现出了许多各具特色的区域模式，总结提炼其治理特征，既是将中国鲜活的环境治理实践探索进行理论抽象的必要途径，也是推进区域协同发展和环境治理体系现代化的内在需要。然而，如何界定区域环境协同治理模式并进行统一的逻辑分类，是有待解决的理论问题。基于此，该书从区域因素、异质性主体类型和区域治理结构的维度提出了区域环境协同治理模式的分类逻辑，构建了一个涵盖"环境经济背景、初始条件情况、基本运行机制、协同组织演变、激励约束机制和治理模式评价"的"六维"分析框架，并以前后两个阶段京津冀大气环境治理和粤港环境合作为案例，深入考察了其所代表的对等型任务驱动模式、权威型任务驱动模式和对等型多元互动模式等3种区域环境协同治理模式，也阐释了其与国家治理结构的关系。

陈润羊已通过学位论文答辩，并获得博士学位。他一直注重将理论学习、实践调研和总结思考有机结合起来。在攻读博士学位期间，他积极参与了我负责的国家社科基金重大项目子课题、北京市社科规划课题和北京市委改革办第三方评估等多项课题，参加了河北省张家口市、北京市各区等的实地调研，以及许多校内外学术交流会议。所有这些学术活动为他夯实研究基础、扩大学术视野、紧跟学术前沿等都起到了积极作用。然而科学探索之路任重道远，希望他脚踏实地、继续探索、不懈耕耘、勇攀高峰。该选题后续还可以进一步探讨跨界水质水量考核的流域水资源补偿与协同治理。期待我国区域协同治理更加科学、高效，共同推进我国治理体系与治理能力现代化！

首都经济贸易大学城市经济与公共管理学院教授、博士生导师

中国生态经济学会区域生态经济专业委员会副主任、常务理事

中国自然资源学会资源经济研究专业委员会副秘书长、委员

中国区域科学协会理事

二〇二二年六月于北京

序言二

  2021 年 5 月，我受邀担任首都经济贸易大学区域经济学专业陈润羊博士学位论文答辩委员会主席，他的博士论文题目是《区域环境协同治理：演进、机制与模式》。我在答辩前认真地阅读了论文，了解了论文的主要框架和基本内容，答辩过程中，又当面听了他对论文的介绍。一年后的今天，陈润羊和我联系，请我为其在博士论文基础上修改后的专著写一个序言，我欣然从命。其实，在参加他博士论文答辩前后，我与他亦有接触，对他的情况也有所了解。2019 年 11 月，我去兰州讲学，在兰州财经大学做了一场学术报告。陈润羊在兰州财大任教多年，他负责我去兰州财大的行程安排和讲学等方面的联系工作，报告之后他还陪同我考察了兰州一些地方。后来，在北京中国国土经济学会举办的"国土大讲堂"及其他学术活动中我也多次看到他的身影。基于我对他的了解，我愿意为读者介绍他专著的主要观点。

  陈润羊的专著《区域环境协同治理：演进、机制与模式》和其博士学位论文题目相同。一直以来，如何认识和应对环境外部性和集体行动困境造成的双重"治理失灵"问题，是区域环境协同治理面临的现实难题。开展区域环境协同治理研究，既有助于丰富区域治理的理论，也对完善我国环境治理体系和治理能力现代化具有重要的参考价值。因此，该书的选题具有比较重要的理论价值和实践意义。

该专著遵循"问题分析→制度分析→理论构建→实践提炼→实证检验→对策建议"的研究思路，综合应用了系统分析、多时点双重差分、比较分析与案例研究等多种研究方法。在总结梳理既有相关研究的基础上，辨析了区域环境协同治理的内涵、特点和局限；阐明了区域环境协同治理失灵困境的现实挑战和理论缘由；构建了区域环境协同治理的理论体系与交互机制；揭示了中国环境协同治理演进的基本逻辑，并识别和刻画了我国环境协同治理的模式；实证检验了区域环境协同治理的效果；进而提出了完善我国环境治理体系的政策建议。

该书构建了"协同起因、协同主体、协同动力、协同行动、协同结果"等5个基本因素构成的理论框架体系，系统地回答了区域环境协同治理中的5个基本问题：因何而起、谁来协同、何以运行、如何协同、效果怎样。该书的主要内容有：

第一，协同治理是应对区域环境合作困境的适宜方式。区域环境协同治理面临着许多挑战，而外部性与"搭便车"、个体理性与集体理性的偏离、政府间纵向委托代理与横向竞合博弈等是其困境的理论缘由。协同治理是应对区域环境合作困境的方式之一，然而，其有效性具有边界和限度。

第二，区域环境协同治理体系是一个循环系统，治理机制具有较强的交互性。区域环境协同治理体系是"起因、主体、动力、行动、结果"互为一体的循环系统，区域环境协同治理机制是一个包含动力系统、传导系统、反馈和交互作用等在内的有机组织体系。区域环境协同体系的构成成分及其相互之间，具有复杂的交互作用关系，并受多种因素的影响和制约。

第三，中国环境治理演进具有实践逻辑。中华人民共和国成立以来，中国的环境治理在实践探索和理论升华、向外学习与扎根自身、扬弃传统与面向未来中不断推进。我国环境治理从前期的孕育到后期的建立健全，经历了一个与国家治理体系从松散联系走向紧密关联的过程。中国环境治理演进遵循5个逻辑：不断满足人民对优质环境的需要；从经济增长优先到环境经济协调推进并不断趋向绿色发展；在约束激励并用中不断迈向激励相容的改革路径；从行政区到跨区域、从一元到多元演变中趋向协同治理；从学习到创新并积极承担全球环境治理责任。中国的环境治理演进呈现得更多的是一种实践逻辑，以解决实际问题为根本导向，而非理想化的理论逻辑。

第四，中国区域环境协同治理呈现3种基本模式。特定时空条件下的区域环境协同治理模式，是"演化理性"和"建构理性"共同作用的产物，既有内嵌于制度、文化、习俗的自发性，也具有人为的设计和诱导的目的性。对等型任务驱动模式、权威型任务驱动模式、对等型多元互动模式是中国区域环境协同治理的3种基本模式。不同的治理模式虽无价值上的优劣之别，但有治理效率上的高低之分。该专著以京津冀区域大气污染协同治理、粤港环保合作中的"清洁生产伙伴计划"为案例进行了分析。

第五，协同治理效果在不同区域和不同环境指标上具有较大的差异性。该专著基于城市层面的空气质量指数以及细颗粒物、可吸入颗粒物、二氧化硫、一氧化碳、二氧化氮、臭氧等6种分项污染物的月报数据，运用多时点双重差分法，实证检验了大气环境协同治理的实施效果。环境协同治理行动在全国层面并没有有效改善综合性的空气质量，但对二氧化硫浓度产生了显著的降低作用，而对其他 5 种单项污染物浓度尚未产生明显的趋势性影响；协同治理对京津冀区域综合性的空气质量改善和二氧化硫污染水平降低都产生了预期的显著影响，然而对其他 5 种单项污染物浓度尚未产生明显的趋势性影响；协同治理对长三角区域的细颗粒物、二氧化硫和一氧化碳等 3 种污染物浓度产生了显著的降低作用，但对综合性的空气质量、其他 3 种单项污染物浓度尚未产生明显的趋势性影响。因此，需要科学看待协同治理对污染水平降低的时滞性、时间趋势效应逐渐减弱的特点，正视我国环境质量改善的复杂性和长期性，从而保持走体现绿色发展和协调发展的高质量发展之路的耐心。

第六，区域环境协同治理需要正确处理好 6 对基本关系：宏观视野中的环境治理与国家治理的关系，适用边界中的属地管理与跨界治理的关系，治理主体中的政府主导与多元共治的关系，组织动员中的"战役化"与治理能力现代化的关系，治理特征中的"任务型治理"与常态化治理的关系，治理工具和治理价值中的技术治理与制度建设的关系。

第七，未来我国环境治理体系完善的主要政策。专著中提出 6 点建议：一是从行政区转向流域和区域，改革环境目标和标准设置单元；二是建立重大环境政策评估反馈体系，形成协同治理循环运行系统；三是构建多元互动的环境治理体系，持续推进现代治理机制建设；四是健全激励相容政绩考评体系，调动地方政府和领导干部积极性；五是完善社会组织管治政策，畅通公众参与渠道；六是治理手段多样化，突出治理工具创新。

区域环境治理的协同困境既是环境合作实践中的现实难题，也是目前区域经济学、环境经济学中相对较少受到关注的理论命题。该专著虽然对此开展了一些具有创新意义的工作，但在研究视角拓展、时间尺度延伸、研究单元细化、不同实证检验方法的评估对比等方面，尚有进一步改进的空间。希望陈润羊博士和其他感兴趣的学者，能够继续探索并不断深化区域环境治理理论。是为序。

中国宏观经济研究院研究员

中国区域科学协会副会长

中国社会科学院大学博士生导师

国家发改委国土开发与地区经济研究所原所长

二〇二二年六月于北京

目　录

第 1 章　导　论

第 2 章　研究现状与文献综述

第 3 章　区域环境协同治理的概念与特点

第4章 区域环境协同治理失灵的困境

第5章 我国环境协同治理的演进

第6章　区域环境协同治理的体系与机制

第7章　区域环境协同治理的模式

第8章　区域环境协同治理的效果

第 9 章 研究结论与政策建议

第1章 导 论

环境与经济的不平衡、不协调是我国高质量发展面临的重大挑战。跨区域环境合作遭遇的种种现实难题，从政府失灵、市场失灵到集体行动困境所反映出来的"治理失灵"，以及既有研究存在的种种不足仍需要继续深入探究，这些都是区域环境协同治理研究选题的现实依据和理论根据。环境保护合作是区域合作的重要内容，而环境治理体系和治理能力是国家整体治理体系和治理能力的主要体现和当前阶段我国的薄弱环节，因此，在理论层面探讨区域环境协同治理的演进、机制、模式等问题，不但能够从新角度提升环境治理体系和治理能力现代化的理论水平，有助于丰富区域治理的理论成果；也对完善我国环境治理体系、增强环境治理能力的政策改进、体制改革和区域实践具有重要的现实意义。

本章分析了研究背景和选题价值，设计、提出了全书总体的研究方案，并阐述了主要研究内容及其之间的逻辑关系，指出了本书的创新点、研究局限和未来深化研究的潜在方向。

1.1 研究背景和选题价值

不同行政区域的合作和多主体、多手段的协同治理，是改善整体环境质量、提升地方品质的必要途径，然而仍需面对"政府失灵""市场失灵"等治理困境。环境保护合作已经成为区域合作的重要内容。环境治理体系和能力是国家整体治理体系和能力的主要体现，也是当前阶段我国的薄弱环节。因此，开展区域环境协同治理研究具有重要的理论价值和现实意义。

1.1.1 研究问题的提出

特定区域的环境系统既是区域产业发展、功能布局等的承载地，也是后者的空间映射和空间表达。生态环境关系具有复杂性，既是人类经济行为、制度、技术、要素等多因素作用的交界面，也是区域、治理和意识等多种矛盾的汇聚地。日益严重的环境问题是实现联合国 2030 年全球可持续发展目标（SDGs）面临的巨大挑战，也是我国从高速度增长阶段转换为新时代高质量发展阶段的突出短板和主要约束之一。2030 年"碳达峰"、2060 年"碳中和"目标的提出以及现在和将来的区域碳交易对区域环境的合作治理也提出了新要求。

原有生态系统的完整性，在人类社会经济活动的作用下，因为地理分离和行政分割而被打破。而属地管理、部门负责的现有环境管理体制，难以应对跨界性和流动性的环境污染问题。环境质量是一种区域间公共物品，具有消费的非竞争性和非排他性特征。环境容量则是一种"公共池塘产品"，其具有消费的非排他性但有竞争性等特征。没有清晰的产权界定和严格的环境规制约束，"搭便车"行动便会自然产生。在高层介入、政治压力下，目前的跨行政区环境治理合作，虽然在短期内也能取得一定的环境治理成效，然而，由于"市场失灵""政府失灵"，诸多单个区域在追逐经济增长、各负其责的个体理性的影响下，最终造成"治理失灵"的集体行动困境。

在上述情景下，需要审视和追索的问题有：区域之间环境合作治理到底面临着哪些具体困境呢？如何认识这些困境的现实挑战和理论缘由？如何才能有效应对集体行动和环境污染外部性问题相互交织的"治理失灵"困境？中国总体的环境治理有何特征？中国环境协同治理的行动是否和如何影响环境治理的效果？将来我国环境治理体系改进的方向在哪里？如此等等的问题需要给予理论层面的解释和回应。

1.1.2　选题背景

（1）环境保护与经济增长的不协调、不平衡是我国高质量发展面临的重大挑战，需要环境的高水平保护为高质量发展提供基础和支撑

近年来，国家层面虽然把污染防治列为"攻坚战"加以重视和推进，但受制于我国现有能源结构、产业结构在短期内难以改变，以及公众环境意识总体不强等因素，"美丽中国"建设的任务仍然艰巨。作为世界第二大经济体，2020 年中国 GDP 占世界总量的份额已达到 17.6%（2021

年已超过 18%），继 2019 年后人均国民总收入（GNI）同样超过 1 万美元，位于世界第 70 位。然而，我国 2019 年衡量经济社会综合发展水平的指标——人类发展指数（Human Development Index，HDI）为 0.761，在 189 个国家和地区中位居第 85 位，更进一步，经过二氧化碳排放和"物质足迹"的调整后的 PHDI 更是降低为 0.671，位次也降到了第 101 位（UNDP，2020）。[1] 近年来，纵向比较，我国的环境质量得到不断改善，然而，横向比较的结果并不乐观。2019 年我国仍然有 98% 的城市空气质量未能达到世卫组织的指导方针（IQAir，2020）[2]，53.4% 的城市未能达到在国际层面而言不算严格的国家二级标准。2020 年和 2021 年，我国分别有 40.1% 和 35.7% 的城市还是未能达到国家标准。[3] 由此可见，中国经济在世界经济格局中占据重要的位置，但环境保护水平仍不理想，其与经济增长、社会发展存在不平衡、不协调的突出矛盾，这三者之间的冲突是我国高质量发展阶段不平衡、不充分矛盾的重要体现。日益突出的跨域环境问题成为区域协调发展的限制因子和外部威胁，相反，良好的环境质量成为地方品质的重要内容和内在优势，因此，推动环境的高水平保护就成为我国社会经济高质量发展的内在需要和重要举措。

---

[1] United Nations Development Programme（UNDP）.Human Development Report 2020: The next frontier Human development and the Anthropocene. http://hdr.undp.org/en/2020-report,2020-12-15.

[2] IQAir,2019 World Air Quality Report，REPORT: Over 90% of global population breathes dangerously polluted air. https://www.iqair.com/blog/report-over-90-percent-of-global-population-breathes-dangerously-polluted-air.

[3] 数据来源：生态环境部《2020 中国生态环境状况公报》《2021 中国生态环境状况公报》。2020 年和 2021 年的数据并不能完全反映空气质量的正常情况，因为新冠肺炎疫情（COVID-19）造成停工停产，因此，这两年的数据不具有可比性和趋势性。

（2）多主体、多手段和跨区域环境合作的现实难题，需要理论上的解释

近年来，国家层面在政策文件、机构改革、执行推动等方面高度重视环境协同治理，在出台的各类政策中不断强调"污染防治区域联动""生态环境保护合作""区域联防联控""环境治理协调联动""生态环境共保共治""污染防治区域联动""区域协同治理"等问题（见表 1.1），并把建立本质意义上的"环境协同治理"机制作为目标予以推进，也把生态环境一体化作为长三角等区域一体化的重要内容予以探索实施。但是受制于地方竞争、行政分割等多种因素，跨行政区域的环境治理合作在现实中仍然遇到许多困境和难题。构建污染防治的区域联动机制是全面深化改革的目标之一，深化包括环境治理在内的区域合作机制也是区域协调发展新机制的主要任务。在区域竞争和合作的过程中，环境合作已是区域合作的重要内容，环境治理在区域治理中的作用也日益凸显。然而，区域环境协同治理的深层次问题有待在理论层面进行解释和分析，唯此才能从根本上为推进环境治理体系的改革和环境治理能力的提高提供科学依据。

表 1.1　我国政策文件中关于区域环境协同治理的相关表述

序号	区域环境协同治理的相关表述	文件名称（时间）
1	改革任务和目标之一：建立污染防治区域联动机制	中共中央关于全面深化改革若干重大问题的决定（2013年11月12日）
2	深入推进重点领域合作之一——推进生态环境保护合作：鼓励开展跨行政区的生态环境保护和建设；支持建立污染防治区域联动机制，开展区域大气污染和江河湖海水环境联防联治	国家发展改革委关于进一步加强区域合作工作的指导意见（2015年12月28日）

续表

序号	区域环境协同治理的相关表述	文件名称（时间）
3	重点区域：京津冀及周边、长三角、汾渭平原等，要强化区域联防联控。主要内容：健全跨区域污染防治协调机制；建立污染防治区域联动机制	中共中央国务院关于全面加强生态环境保护坚决打好污染防治攻坚战的意见（2018年6月16日）
4	形成区域协调发展新机制的总体目标，主要任务之一：深化区域合作机制。推动城市间产业分工……环境治理……等协调联动	中共中央国务院关于建立更加有效的区域协调发展新机制的意见（2018年11月18日）
5	总体目标：以……生态环境共保共治……为重点，培育发展一批现代化都市圈。主要内容：强化生态环境共保共治；构建绿色生态网络；推动环境联防联治；建立生态环境协同共治机制	国家发展改革委关于培育发展现代化都市圈的指导意见（2019年2月19日）
6	实现绿色经济、高品质生活、可持续发展有机统一，走出一条跨行政区域共建共享、生态文明与经济社会发展相得益彰的新路径	国务院关于长三角生态绿色一体化发展示范区总体方案的批复（2019年10月31日）
7	制度体系之一：坚持和完善生态文明制度体系，促进人与自然和谐共生。实行最严格的生态环境保护制度，完善污染防治区域联动机制	中共中央关于坚持和完善中国特色社会主义制度、推进国家治理体系和治理能力现代化若干重大问题的决定（2019年10月31日）
8	推动绿色发展，促进人与自然和谐共生中提出：深入打好污染防治攻坚战；强化多污染物协同控制和区域协同治理	中共中央关于制定国民经济和社会发展第十四个五年规划和二〇三五年远景目标的建议（2020年10月29日）
9	京津冀：深化大气污染联防联控联治。长三角：推进生态环境共保联治；打造可持续海洋生态环境；构建流域—河口—近岸海域污染防治联动机制	国民经济和社会发展第十四个五年规划和二〇三五年远景目标纲要（2021年3月11日）
10	强化多污染物协同控制和区域协同治理；推进重点区域协同立法，探索深化区域执法协作；强化京津冀协同发展生态环境联建联防联治	中共中央国务院关于深入打好污染防治攻坚战的意见（2021年11月2日）

资料来源：根据已有公开资料整理归纳。

（3）从政府失灵、市场失灵到集体行动困境所反映出的区域环境协同过程中"治理失灵"，需要在统一的逻辑框架中去深入探究

"公地悲剧"是环境治理面临的经典问题，而开展有效的集体行动是解决"公地悲剧"的关键（王亚华等，2021）。长期以来，政府和市场的关系是经济学研究的基本问题。对于环境污染这样的外部性问题的解决，大体有政府干预和市场机制两种途径。由于面临着政府失灵和市场失灵的挑战，逐渐形成了第三种机制——社会机制。在这3种机制的框架下的理论分析，也都面临着"治理失灵"的挑战。"公地悲剧""囚徒困境博弈"及"集体行动的困境"等理论，都揭示了包括环境治理在内的公共事务治理问题的复杂性。而"协同治理"具有开放性与动态性、复杂性与适应性、周期性与迭代性等典型特征，也契合了民主化、法治化等发展趋势，可以从整体性的视角，去回应"治理失灵"的问题。另外，区域环境协同治理也面临着许多现实挑战：生态系统的完整性与人为管理的分割性、污染的无界性与管理的有界性、属地管理的限定性与跨界治理的延展性、经济效益的短期性与环境效益的长期性、政府更替的周期性以及干部任期的年限性与环境治理过程的不一致性等。外部性与搭便车、个体理性与集体理性的偏离、政府间纵向委托代理与横向竞合博弈等是区域环境协同治理困境的理论缘由。[1]区域环境协同治理的现实难题与理论困境所反映出来的基本问题，都需要深入地研究。

---

[1] 详见第4章中的分析。

1.1.3 理论意义

（1）有助于进一步丰富区域治理的理论

现有的区域合作与区域治理理论，更多的是关注产业转移与承接、空间功能布局协调、国土空间规划的衔接、都市群及城市群的协调发展等偏向经济合作以及跨行政区的多元治理问题，而对环境合作与治理的研究相对较少且不够系统。因此，在理论层面分析区域环境协同治理中"共治"的困境，构建区域环境协同治理的体系和机制，将有助于进一步丰富区域治理的理论体系。

（2）有助于从新角度提升环境治理体系和治理能力现代化的理论水平

环境与经济、社会的不协调、不平衡，是我国高质量发展需要着力解决的重大问题，而现有环境治理体系和能力的滞后，是国家治理体系和治理能力现代化的制约因素。因此，在深入分析我国环境治理的主体演变、治理类型、总体模式、趋势特点的基础上，揭示我国环境协同治理演进的基本逻辑，识别和刻画我国区域环境协同治理的模式，研究所得结论将为"国家治理体系和治理能力现代化"所要求的系统治理、依法治理、综合治理和源头治理提供新的支撑，进而有助于从新角度提升环境治理体系和治理能力现代化的理论水平。

1.1.4 应用价值

（1）为区域环境合作与治理的实践提供理论依据

区域环境协同治理理论的创新，能够推动包含环境合作在内的区域合作的实践，以协同治理促进我国区域治理体系的完善和区域治理能力的提升，将有助于服务于"绿色""协调"的国家高质量发展战略的实施。

（2）为区域环境治理实践和环境管理体制改革提供决策参考

通过综合的理论分析，结合我国区域环境治理的实践，系统研究我国区域环境协同治理的基本逻辑、演进特征、治理模式，在发挥我国区域环境协同治理优势的基础上，认识并规避存在的不足和劣势，把握协同治理的趋势，进而为完善区域环境治理实践和深化环境管理体制改革提供思路和启示。

1.2 研究方案

根据区域环境协同治理研究的需要和研究现状，本章设计提出解决这一理论问题的研究方案，并从思路、目标、内容和方法等方面进行论证。

1.2.1 基本思路

在一般经济学研究范式的指向下，本书遵循"问题分析（区域环境协同治理失灵的困境）→制度分析（我国环境协同治理的演进）→理论构建（区域环境协同治理的体系与机制）→实践提炼（区域环境协同治理的模式）→实证检验（区域环境协同治理的效果）→对策建议（环境治理体系和能力的完善）"的思路展开研究（见图1.1）。

1.2.2 研究目标

通过对国内外相关研究进展和趋势的了解和把握，进而辨析区域环境协同治理相关概念的内涵和异同，并在认识环境协同治理特点与限度的基础上，提出3个具体研究目标：（1）在阐明区域环境协同治理失灵困境的基础上，构建区域环境协同治理的体系与机制；（2）揭示中国环境协同治理演进的基本逻辑，识别并刻画中国区域环境协同治理的模式；（3）检验区域环境协同治理的效果，提出完善环境治理体系和能力的建议。

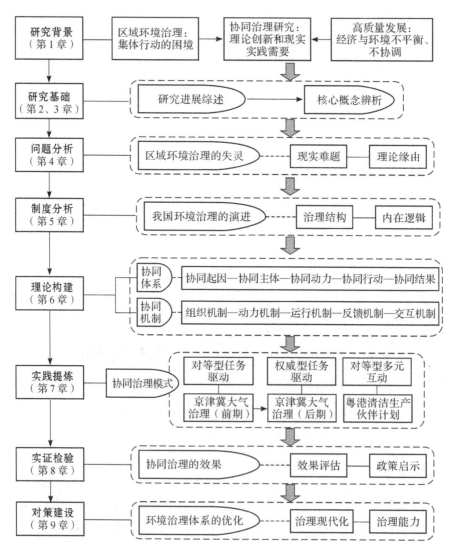

图 1.1　本书研究的总体逻辑结构与技术路线

1.2.3 研究内容

全书共9章,章节内容安排及逻辑关系如下:

第1章是导论。介绍本研究的选题背景和选题价值、进行研究设计、提出研究的方案,并交代研究内容之间的逻辑关系,点明了可能的创新点及研究局限、未来研究的方向。

第2章是研究进展与文献综述。通过对国内外研究文献的述评,总结现有研究的总体特点、存在的不足及未来的研究趋向,并为后续研究提供文献基础和研究起点。

第3章是区域环境协同治理的概念与特点。通过对区域环境协同治理相关概念的辨析,界定核心概念的内涵,把握区域环境协同治理的特点与限度,为展开后续基本问题的探究奠定基础。

第4章是区域环境协同治理失灵的困境。从现实和理论两个层面审视了治理失灵的问题,并总结一般的应对策略。

第5章是我国环境协同治理的演进。全面梳理我国70多年来环境治理演进的过程中所遵循的基本逻辑,以求全面刻画中国环境协同治理演进的实践路径。

第6章是区域环境协同治理的体系与机制。提出了全书的理论体系和分析框架,是环境协同治理演进、区域环境治理模式构建的逻辑基础,且提出了区域环境协同治理效果评估和实证分析的前提假设。

第7章是区域环境协同治理的模式。从我国区域环境协同治理的区域实践出发,提出区域环境协同治理模式的分类逻辑,寻求总结提炼我国区域环境协同治理模式的类型和特征。

第8章是区域环境协同治理的效果。构建模型对协同治理是否和如何影响环境治理的结果进行实证检验，并根据效果评估的结果获得相关的政策启示。

第9章是研究结论与政策建议。总结全书并凝炼研究的基本结论，提出完善环境治理体系和能力的对策建议。

1.2.4　研究方法

本书通过多学科理论和方法的融合，力求把理论和实践结合起来，注重规范研究和实证研究、定性分析与定量分析、实际调研与文献研读相结合的多种方法的综合应用。具体方法如下。

（1）系统分析法

综合应用区域经济学、环境经济学、公共管理学等学科的基本理论，将区域环境的合作与治理置于整体的国家治理制度结构中进行系统考察。跳出探究区域内部组成部分具体性质认识上的不足，从整体上把握区域之间环境协同治理相互作用的性质。把生态环境的整体性治理作为目标，在系统分析中明辨环境协同治理的演化逻辑和发展特点。跳出就治理谈治理、就环保论环保的思维桎梏，把区域环境协同治理中的"协同起因、协同主体、协同动力、协同行动、协同结果"等5个基本而关键的因素结合起来，并构建统一的分析框架，从整体上去认识由"组织机制、动力机制、运行机制、反馈机制和交互机制"等构成的区域环境协同治理的机制体系。

（2）多时点DID方法

在区域环境协同治理效果的实证检验中，目前大多采用传统双重差分模型（Difference-in-Differences, DID），假设处理组所有个体受到政策冲击的时间一致。针对传统双重差分模型的理论假设偏离"真实世界"

的不足，本研究运用多时点 DID（Time-varying DID）方法，更接近现实中环境协同治理外部冲击时间并不完全一致的实际，进而去评估区域协同治理行动的环境治理效应。

（3）比较分析法与案例研究法

从我国区域发展的特定阶段和区域分割、地理分离与生态完整性的矛盾出发，利用比较分析的方法去识别和刻画区域环境协同治理的模式。前后两个阶段的京津冀区域大气污染协同治理案例代表了由"对等型任务驱动模式"到"权威型任务驱动模式"的演化过程；以"清洁生产伙伴计划"（Clean production partner program，CP3）为主体的粤港环境合作案例代表了"对等型多元互动模式"。从治理实质、直接参与的治理主体、治理对象、治理的核心主体、协同治理中各类主体的角色、环境治理的优势和不足、适宜性等方面进行了分项、分层的比较分析。将比较分析与案例分析相结合，深入挖掘了案例的典型特征，力求把握案例所揭示和代表的3种不同治理模式的异同和实质。

1.3 本书创新、研究不足与展望

1.3.1 可能创新

（1）从 5 个关键要素出发构建了 CSDAO 理论框架体系，系统回答了区域环境协同治理的 5 个基本问题

本书将"治理主体—治理过程—治理对象"融为一体，构建了由"协同起因、协同主体、协同动力、协同行动、协同结果"等 5 个基本且关键因素构成的 CSDAO 理论框架体系，系统地回答了区域环境协同治理中的 5 个基本问题：因何而起、谁来协同、何以运行、如何协同、效果怎样。另外，本书提出的 CSDAO 协同治理分析框架，对自然资源管理、公共卫生、公共服务及公共教育等跨域、产权和责任界定不清的问题，都具有一定的启发价值，也为这些领域的实证研究提供了进一步拓展的可能性。

（2）从"治理事件—治理机制—治理结构"的角度，揭示了我国环境协同治理演进的基本逻辑，并提炼概括了 3 种区域环境协同治理的模式

基于区域经济学、环境经济学、（新）制度经济学、公共管理学、环境科学与工程等多学科的融合研究视角，考察了区域环境协同治理的

实质，透过表面现象（区域环境治理的困境），进而看清其内在本质（集体行动困境和环境污染外部性造成的"双重治理失灵"）。

针对目前大多数研究只考虑"治理事件—治理机制"研究线索的不足，本书深入治理结构的分析，按照"事件→机制→结构"（Events → Mechanisms → Structures，EMS）的分析思路，构建了"治理事件—治理机制—治理结构"整体性的研究脉络，遵循"区域环境治理困境'事件'（现象）→治理'机制'（跨区域、多主体、多手段的网络）→治理'结构'（制度环境、制度安排）"的逻辑，采取逆推法，由果到因，从表面的各自为政、部分区域合作进行环境治理的现象出发，探求事件背后的治理机制（跨行政区的政府、市场和社会不同主体以及各类治理工具的协同等），并深入区域环境协同治理的结构，也就是"制度背景"中来，进而全面地刻画了自 1949 年以来中国环境治理演进的路径，在国家治理的范畴和视野中深刻把握中国环境治理演进的基本逻辑。

在模式研究上，跳出了当前大多研究中存在的"就地域论地域""就模式论模式"的不足，尝试把地域性案例与模式性分类结合起来，识别和刻画了我国区域环境协同治理的 3 种模式，所得结论对于丰富已有的环境合作与治理理论以及完善环境治理体系具有重要的参考价值。依据治理结构，以及驱动因素、除政府外的异质性主体参与情况的两个维度，从理论逻辑对区域环境协同治理的模式进行了分类。以前后两个阶段的京津冀大气污染治理和粤港环保合作中的"清洁生产伙伴计划"为案例，围绕"环境经济背景、初始条件情况、基本运行机制、协同组织演变、激励约束机制和治理模式评价"的"六个维度"，全面深入地分析和比较了对等型任务驱动模式、权威型任务驱动模式、对等型多元互动型模式等 3 种模式的治理结构和治理特征。

（3）采用多时点 DID 方法，从全国和重点区域层面检验并评估了我国区域环境协同治理的效果

考虑到大气污染防治本身具有的协同治理的突出特征以及我国大气环境保护实践中多区域联合治理的实际，本研究聚焦于大气污染协同治理的效果评估。已有研究存在如下不足：既有的研究方法多采用传统双重差分模型，假定处理组所有个体受到政策冲击的时间一致，但传统 DID 模型的理论假设过于偏离"真实世界"；多数文献以重点污染地区为研究对象，或以某个城市群为研究对象，少有文献从全国层面分析协同治理实施效果。针对这些不足，本书采用多时点 DID 方法，更接近现实中环境协同治理外部冲击时间并不完全一致的实际；同时检验了协同治理行动在全国层面以及京津冀、长三角等重点地区的环境治理效应和实施效果，表明其环境治理效果在不同区域和不同环境指标上具有差异性，所得的评估结论具有重要的政策启示价值。

1.3.2 需要进一步探讨的问题

本书构建了一个整体性 CSDAO 理论框架和理论假设，并对环境协同治理效果进行了实证检验，该理论框架有助于把握协同治理问题的实质。但整体性框架涉及不同主体的协同、内在的协同动力、协同因素的互动等各种复杂因素，因为无法识别内在机制，难以在统一的框架内将诸多互为因果的因素进行模型化处理和实证检验。鉴于个别因素一时难以找到替代的可测度、可衡量的变量或数据，在实证检验时，本书只对最为重要的不同区域间的协同治理行动效果进行了检验和验证，但无法也没有将存在异质性治理主体的政府、企业、公众进行区分和细致的考察。受限于研究对象城市的样本量，目前尚未考虑城市行政等级、城市

类型等差异。以上这些都是目前研究的不足，当然也是未来需要完善和继续深入研究的方向。

在本书基础上，未来研究需要继续深化的潜在问题和基本方向可能有：一是通过网络爬虫等新型技术手段，获取环境质量等方面的海量异源异构数据并进行融合处理后，从目前研究的月报数据扩展到日报数据。由目前只集中关注大气环境治理拓展到包含水环境等其他环境要素在内的整体环境系统。从更长时间尺度、更大样本量继续深入跟踪考察区域环境协同治理的后续效果、协同治理的传导机制和作用机制。二是对不同治理主体、不同区域范围、不同城市等级等方面的协同治理进行异质性检验，进而识别治理主体、区域差异的环境治理效应。三是拓展目前只重点关注环境治理效果的单一性，进行不同治理模式的经济损益分析和比较研究，进而更为全面、细致地去把握和评估不同治理模式治理效率的差异和原因。四是将环境治理延伸到环境经济社会的协同发展中去，构建"经济—社会—环境"复合视角下区域合作与治理的理论体系和实证模型，以便在更为宽宏的视野中审视区域环境协同治理问题。

第2章　研究现状与文献综述

　　通过深入研读相关文献，从研究主题角度进行区域环境协同治理研究脉络的分类梳理，从中了解既有的研究进展，并总结现有研究的总体特点、存在的不足及未来的研究趋向，将为后续研究提供坚实的文献基础和研究起点。区域环境协同治理的相关研究现状如何？有哪些特点和不足？未来研究的趋势是什么？这些问题正是本章试图回答的。首先，按照研究主题和研究问题的内在联系，对国内外相关研究进行了分类概述；其次，对国内外研究状况进行了文献述评，力求从整体上把握区域环境协同治理研究的总体特点、存在不足和未来趋势，以求后续的实质研究在把握学术前沿的基础上有所创新。

2.1　国内外相关研究进展的分类概述

研究文献的筛选原则主要依据的是与"区域环境""环境治理""协同治理"等主题词的相关性，学科主要涵盖区域经济学、环境经济学和（新）经济地理学等相关领域，也兼顾管理学、社会学等其他学科的少量文献，按照研究主题进行分类概括，力求把握该领域研究的总体脉络和基本格局。

2.1.1　国外研究概况及外文文献对中国的研究

虽然经济发展和经济增长仍然是学术界、政策层在各种空间尺度或水平上主要关注的问题，但随着环境问题的日益突出和资源约束的不断增大，增长是否有极限也成为各界关注的基本问题。因此，一些研究者把环境保护与经济增长同时考虑并进行综合分析。针对环境和经济的冲突矛盾，关注绿色经济或低碳经济的增长潜力就成为一种现实选择和研究趋势。在这种背景下，在城市与区域经济领域内，围绕着气候变化、可持续发展等具体问题涉及的环境合作、区域治理等关键命题的研究也日趋活跃。

（1）空间经济学视野下从"环境治理"研究拓展到"区域环境治理"研究，顺应了跨区域环境合作的现实需要

一直以来，经济增长都是经济学研究的核心问题之一。随着对自然资源稀缺价值和环境污染问题严重性认识的深化，"增长的极限论"的提出开启了从"增长崇拜"的迷思中走出的序幕。对于环境治理的研究，长期以来更多是从区域内部角度分析的，随后演化到跨区域的合作治理上，进而将除政府外的其他主体吸纳进来，进行不同主体、不同区域、不同手段的协同治理方面的研究。

在自然资本丰富、环境容量不成为约束的"空"的世界里，古典经济学、新古典经济学，在土地、劳动、资本、技术、制度等要素和综合因素作用的视野下，构建经济增长的理论模型。但在稀缺物品由人造资本变为自然资本的"满"的世界里，以赫尔曼·戴利为代表的学者超越之前的增长无极限的认识局限，认为经济系统是有限地球生态系统的子系统，自然资本和人造资本基本是互补关系，更少为替代关系（Daly，Farley，2011）；在"生态极限"的约束下，曾经的"经济增长"变换为边际成本大于边际收益的"不经济的增长"，因此，出现了走向稳态经济（Steady-state economy，Daly，1973）的呼声。凯特·拉沃斯（Raworth，2019）也提出了"甜甜圈经济学"（Doughnut Economics）的概念，认为人类的安全公平空间位于社会基础之上，但也在生态天花板之下。

对于工业革命和技术进步的反思首先关注其带来的地球环境状态不稳定的伴生效应，而人类与地球的长期共存共荣则是国际社会的共同追求。在全球变暖、生物多样性减少、危险废物越境转移等议题的驱动下，可持续发展成为全球面临的共同挑战。"行星边界框架"理论的提出及其研究成果表明，人类活动和规模受到资源环境"阈值""承载力"的自然边界的约束和限制，广为关注的气候变化和生物圈完整性就是核心边　界（Rockström, Steffen, Noone, et al, 2009；Steffen, Richardson, Rockström, et al, 2015）。核心边界是人类活动安全的临界范围，与此相关的问题便成为相关学者持续跟踪研究的焦点。

　　气候变化是全球性的环境协同治理难题，该领域的研究却存在否认科学事实的现象和弊病。有论文回顾了近 25 年发表在国际期刊上的关于环境和气候科学方面的文章，发现有关科学否认的研究与气候变化有关的最多，而且重点是在英美国家，因此需要制定和实施应对环境科学否认的方略，科学界也需要揭露否认者的阴谋（Björnberg, Karlsson, Gilek, et al, 2017）。与之同时，国外一些学者把"区域环境治理"（Regional environmental governance, REG）作为可持续发展战略的实施模式加以研究。如有学者探讨了新的区域机构对环境政策制定的影响，认为区域议程的复兴为将理论原则转化为实践提供了机会，并尝试在区域尺度上提出制定解决环境政策和可持续发展问题的新框架（While, Littlewood, Whitney, 2000）。也有学者从自然资源管理实验的角度对区域环境治理的合法性问题进行了探讨，认为澳大利亚出现的环境治理区域安排标志着国家与民间社会关系的重大变化，在考察了新、旧两种形式治理关系的基础上，研究发现，利用从当地知识和经验中获得的相互收益仍然是环境治理合法性的核心挑战（Wallington, Lawrence, Loechel, 2008）。

　　长期以来，尽管在城市合作、地方环境政策制定与区域可持续发展方面，已有较为丰富的学术文献，但更多的是在区域内部空间尺度上的研究，而跨越不同行政辖区的环境合作尤其是自愿性的市际、区域合作方面的研究成果，却比较稀少且缺乏系统性，这种不足在后来才得到改变。

为了捕捉各国政府在寻求将环境保护与多种其他压力和要求协调一致时所涉及的冲突、权力斗争和战略选择，一个以"生态国家重组"（Eco-state restructuring）理念为基础的环境监管概念化框架被提出，对国家环境调节的理论做出了较为独特的贡献（While，Jonas，Gibbs，2010）。在欧洲，虽然各自为政的地方实体提供服务方面的合作是一个普遍的问题，但从理论和经验的角度都没有得到充分的研究。也有学者借鉴制度性集体行动（Institutional collective action，ICA）的理论框架，通过遵循理性选择方法研究区域治理，提出并检验了区域间合作出现的外界背景。研究表明，如何建立具有不同特征的各种治理结构取决于能够同时降低合作参与者的交易成本和风险的具体背景因素，以及这些选择的实际政策含义（Casula，2020）。

在城市与区域经济范畴下，关于区域环境治理的研究成果类型和数量也在不断增加。2008年，《区域研究》杂志曾用两个专题讨论了环境与区域发展的相关问题（Haughton，Morgan，2008；Deutz，Lyons，2008）。然而，这些研究大多关注城市和区域内部，而对于区域之间的相关研究相对比较滞后，正如Gibbs和Lintz（2016）指出的，这也许是由跨区域的多样性在制度基础上的差异性造成的研究复杂性所致。为了在区域范围内解决上述问题，并促进作为可持续发展维度的生态城市和区域发展领域的跨学科研究和讨论，2010年，区域研究协会发起和建立了生态区域发展研究网络（Research Network on Ecological Regional Development），旨在解决与生态区域发展有关的各种问题，包括生态限度内区域经济发展的可实现性，以及区域尺度碳排放对国际和国家政策的影响等（Lintz，Gibbs，Sauri，2010）。2012年6月，区域研究协会生态区域研究网络在卢森堡举行了第三次会议，集中探讨了城市和区域环境治理领域的相关问题，突出了规模和部门的作用以及所涉及的冲突和合作潜力，在一系列制度背景下，从国家等级的实力到地方规模的城市，论述了各种主题政策的指导问题。

（2）环境领域的冲突、合作方面的研究，呈现了"绿色跨越""绿色转型"需要直面的环境跨界性治理困境

梳理一些文献发现，环境问题的异质性与经济增长的阶段、水平和方式密切相关，而环境领域的协同治理，涉及不同主体的利益协调，"绿色跨越""绿色转型"需要直面环境跨界性治理这一难题。围绕上述主题，学界开展了相关的研究。

有学者在对比了不同的社会、不同的规模的基础上，将可持续性作为一个连接环境、经济和社会的综合概念加以讨论，展示了绿色思维在不同层次和强度上的发展（Whitehead，2007）。一项针对卢森堡的研究发现了一种完全不同的"州—市"关系，在引入了由中央政府和地方政府组成的两级行政系统中的多级治理概念后，认为尽管多中心增长模式的计划试图引导和限制发展，但这些计划对决策者没有约束力，而行动者之间的非正式关系才是决策的关键因素（Affolderbach，Carr，2016）。协同治理过程已经成为解决复杂环境问题的一种流行机制，其成功之处在于促进了不同参与者之间的学习，从而使参与者能够更好地制定创造性的、以共识为导向的环境管理行动，而内部和外部因素都会影响个体在集体中学习的程度（Elizabeth，2019）。有学者借鉴了以行动者为中心的制度主义框架，通过调查相邻城市之间的自愿环境合作，分析了影响环境合作的因素，并强调了环境和经济政策部门进行协调的重要性（Lintz，2016）。上述论文主要讨论不同规模城市之间的合作问题，而另有论文则考察了其中的冲突和矛盾关系，通过调查冲突在可持续城市发展中的副作用，批评了德国的弗赖堡作为生态城市存在的不足，并识别了非共识因素对可持续发展的潜在阻力（Samuel，2016）。Davidson和Lockwood（2008）指出：各级政府、工商界、非政府组织和社区之间的伙伴关系已成为振兴区域经济和改善环境的关键战略，根据"善治"（Good governance）有效性、合法性和包容性的3个标准，评估了促进良好区域治理和区域可持续性的潜力，奠定了区域可持续发展政策的治理基础。

（3）治理、环境治理与区域治理及其影响因素，多种因素交织下的多层次治理体系构建的多样性和复杂性

多年来，"区域"一直是经济发展研究的一个突出重点，这引发了作为分析单位和社会活动场所的特定活动范围相关性的概念讨论。尽管这些问题还远未得到解决，但讨论的性质已转向可持续发展这个更广泛的理论视域。

治理着眼于社会系统或组织中的集体决策，提供了权力如何分配、谁应该参与决策以及政策如何执行的指引（Chhotray，Stoker，2008）。城市和区域环境治理可以理解为处理政策制定和规划的结构以及行动者与这些结构的相互作用。城市规模和区域规模往往是紧密相连的，二者都嵌入国家政治系统中，构成了一个多层次的治理体系（Bulkeley，Betsill，2013）。有学者应用非参数估计量来检验法国、德国和英国的地方政府的区域质量对环境绩效的影响。实证分析表明，地区的治理质量水平与其环境绩效之间存在非线性关系；区域治理质量的影响先是积极的，然后逐渐变为负面，表明更高的治理质量并不总会提高环境效率（Halkos，Sundström，Tzeremes，2015）。

在解决复杂的环境问题上，合作与协同治理已占据重要地位。一项系统的文献回顾工作表明，合作包括建立信任、社会学习、对话和积极参与，内在机理在于社会学习和社会资本等（Feist，Plummer，Baird，2020）。

公众参与是协同治理的应有之义，多元参与是提高环境治理能力的关键。公众参与理念来自西方的公民参与概念。"公民参与阶梯"理论将公民参与分为由低到高的 3 个阶段和 8 种参与形式（Arnstein，1969），"公民参与的有效决策模型"涉及公民参与的 3 种途径（托马斯，2010）。也有研究指出，需要对向更具有参与性和协商性的决策转变的可能性进行更现实的评估（Wesselink，Paavola，Fritsch，et al，2011）。从公众对环境问题的投诉中收集的信息有可能从地方行动者的角度揭示最重要的环境问题（Salgado，Fidélis，2011）。

（4）环境治理的中外比较、不同治理主体和方式的介入，中国环境治理模式的特殊性

中外学者的英语文献中关于中国环境治理方面研究的对象涵盖全国和部分发达地区；也有从中外比较视角讨论中国环境治理模式特征的；还有针对不同主体和方式在环境治理领域如何介入的相关研究。

在大多数案例研究中，有研究指出中央政府在城市和区域环境治理中发挥着重要作用。环境治理的转变是一个双向的过程，在国家和城市范围内都有向上和向下的转变（Chang，Leitner，Sheppard，2016）。也有学者调查了中国应对环境挑战中出现的治理模式，并分析了国家和非国家行动者互动产生的各种治理模式（Shen，Steuer，2017）。也有文献回顾了泛珠三角（GPRD）地区跨境合作的进展，建议该区域要使企业、行业协会成为环境合作的伙伴，并将非政府组织和民间社会组织与该区域的环境治理结构相结合（Ma，Tao，2010）。中国出现了城市区域主义的政策尝试，其中的整合与合作主要由自上而下和自下而上的两种机制所驱动（Li，Wu，2017）。根据一项基于副产品统计方法的计算结果，中国区域技术效率水平随着区域地理分割而明显变化：东部地区的生产效率最高，而西部地区的生产效率和环境效率最低。而这种格局与区域发展格局不平衡的事实是一致的，揭示了当前环境政策实施的部分无效性（Zhao，2017）。有学者从中外对比的角度，分析了中国为解决环境问题所做的努力反映出的制度化治理程序不同于西方的并行程序，认为中国的治理流程模糊了国家与其他行为者之间的区别（Dan，Oran，Jing，et al，2018）。关于环境调控效率损失对包容性增长的研究表明，邻近城市之间存在模仿竞争和向上竞争等形式的不对称战略互动，加剧了环境监管效率的损失，而地方和邻近城市环境法规效率的下降抑制了中国国家和地方层面的包容性增长（Ge，Qiu，Li，et al，2020）。有学者认为，河长制是一种中国协作式的水资源管理办法。制度背景和动因是影响协同治理机制的外部条件，河长制解决了中国背景下的协作问题，但其长期效果和可持续性仍有待确定（Wang，Chen，2020）。近年来，随着公众对项目建设环境影响关注度的提高，各方致力于寻找环境影响评价（EIA）中公众参与更有效的方式，而关键在于把握政府和公众等不同利益相关者产生的偏好和行动逻辑（Yao，He，Bao，2020）。

2.1.2　国内研究概况及研究进展

综合比较，在区域环境协同治理领域，国内文献与国外文献在研究方向上具有一定的趋同性，但研究主题的侧重点、切入视角各有不同，并呈现各自不同的研究格局和特点。

　　（1）从行政区管理到区域治理，跨界治理和协同治理的研究不断受到重视

　　1992 年由刘君德首先提出了"行政区经济"概念，准确刻画了行政区划对于区域经济发展的"空间约束"（刘君德，2015）。而遵循中国"行政区经济"的现实，我国的区域管理也呈现由行政区管理向区域治理演变的趋向和特征（张可云、何大梽，2019）。在此过程中，由于环境污染、市场分割、过度竞争等跨区域问题治理的需要，如何应对地方治理破碎化现实与区域经济一体化趋势之间冲突的问题被提上研究日程（陶希东，2010），因此，跨域性公共治理研究就成为中国区域治理研究的方向之一（陈瑞莲、杨爱平，2012）。行政分割、地方保护与区域分治等三大因素是我国区域协调发展中的制约因素（李兰冰，2020），包括环境保护合作在内的跨行政区的区域合作就成为解决此类问题的有效手段（孙久文，2017）。区域治理就是解决公共问题的过程（程栋等，2018），而现代区域经济理论主要研究的则是服务型政府，因此，对于府际合作、协调问题就更为关注（刘秉镰等，2020）。

　　由此可见，"行政区经济"内含的行政分割，对于具有公共品属性的区域治理问题就显得束手无策，并集中表现为跨域问题的协同治理困境，由此产生了打破行政区管理从而迈向区域合作与治理的现实需要。上述背景下，许多学者围绕公共治理问题，开展了诸如边界效应、跨界管理、合作治理、协同治理等问题的研究，并取得了积极的进展。

　　（2）"环境因素"已成为认识区域经济的重要切入点，环境与区域之间关系的研究不断深化

　　区位理论是区域经济学的基础理论，但传统区位理论存在无视或对环境成本重视不够、关注经济区位远多于生态区位等方面的不足，近年来，学术界针对上述不足，开展了相关的研究。大体上沿着两条线索进行：一是从生态的角度开展生态补偿研究。如张贵祥（2010）从理论上提出了生态功能区位和级差生态成本的概念，在借鉴杜能圈理论的基础上，提出了城市水源复合生态保护区土地利用模式。安虎森等（2013）利用经济要素空间作用力的均衡机制，分析了环境污染外部性条件下的市场失灵、区际生态保护与区际生态补偿的问题。二是从环境的角度展开关于环境污染（环境质量）与区域经济关系、生态文明与区域协调发展、环境经济学与新经济地理学融合等方面的研究。张可云（2014）和沈满洪等（2012）分别从区域经济学、环境经济学的角度，开展了生态文明背景下区域经济协调发展问题的研究。贺灿飞和周沂（2016）基于环境经济地理视角的研究表明，"环境因子"已超越了资源禀赋的特性，并成为重塑空间组织的关键动力；也有研究通过向新经济地理学（New Economic Geography, NGE）模型引入环境污染外部性及环境经济政策进行建模，从而识别了原有的经济活动集聚机制所产生的变化（刘安国、张克森、杨开忠，2015）。

（3）地方竞争下环境规制成为竞争的工具之一，不同区域在环境规制的强度和方式上也呈现策略性，并产生互动影响

一直以来，地方政府间存在围绕 GDP 的激烈竞争，基于此，环境规制是否成为竞争的工具、不同地方政府间是否存在环境规制的策略性行为，也引起了一些学者的关注，随之便出现了"污染天堂效应"（Pollution Haven Effect）、"污染避难所假说"（Pollution Haven Hypothesis）等这些发端于西方的理论假说在中国是否存在的验证性研究，以及环境规制到底是"逐底竞争"（Race to the Bottom）还是"逐顶竞争"（Race to the Top）等问题的不同视角的探讨。

关于环境规制区域差异性的理论解释，主要是源于不同区域的竞争策略性行为，尤其是在社会经济方面具有竞争性的地方政府之间的策略互动，这些差异解释了选择性的环境规制执行行为（张华，2016）。而自主性治理政策也存在这种情况。正如另一项研究所表明的，河长制在可测度的溶解氧（DO）等指标上取得了治理成效，但对于其他不可测度的深度污染物治理效果并不突出（金刚、沈坤荣，2018）。由此说明，环境规制在可测量、可验证、被考核的指标上具有一定的环境治理效应，然而对于那些不可测量、不可验证、不被考核的指标如何规制，还须继续深入探索。

尽管法律上禁止把环境规制作为地方竞争的手段，然而已有研究结果揭示的现实并不如此。如果把环境规制理解为地方吸引企业从而由其带来投资的竞争工具，那么具有竞争关系的各个地方之间就会存在环境规制的策略互动行为。对此，许多研究具有共识。但竞争的对象到底是地理相邻区域还是社会经济相当区域（用人口、经济的空间权重来衡量），研究结果和认识并不相同。如有研究表明，地理相邻省份不是环境规制竞争的对象，而社会经济相当的省份才是。我国的地方环境规制水平虽然不断趋严，且主要采用命令控制型的治理工具，而命令、市场型规制为"逐底竞争"，自愿型规制具有"逐顶竞争"特征（薄文广等，2018）。也有研究表明，地理相邻城市间同时存在逐底竞争和逐顶竞争，而经济相当城市间则表现为逐顶竞争（金刚等，2018）。

有研究利用两区制空间杜宾（Durbin）模型发现，我国的环境规制强度省际竞争形态，由早期以差别化策略为主逐渐转变为后期的竞争行为趋优并形成"标尺效应"，由此为环境领域的分权改革提供了科学依据（张文彬等，2010）。一项研究基于空间自滞后模型（SLX）发现，环境规制引发污染就近转移，揭示出城市间协同规制的必要性（沈坤荣等，2017）。产业集聚、污染转移与环境规制呈现复杂性的特征。如有实证研究验证了由上下游地方政府竞争引起的中国流域也存在"污染回流效应"，而环境监管的垂直型改革对此具有一定的抑制作用（沈坤荣等，2020），表明垂直型的环境监管改革有助于打破地方政府对国家环境政策执行的任意干预。

（4）环境治理从区域内部治理到跨区域治理、从单独治理到联合治理，多区域、多主体、多手段的协同治理呈现出研究进路的新趋向

从环境治理体系的构成和环境治理的发展过程和趋向上讲，现代环境治理有一个从之前以行政主导为主不断向多方共同治理转型的发展过程，实际中环境治理主体的变化在学术研究上也有体现。

经济发展与环境污染之间的关系，日益引起了包括区域经济学、环境经济学等在内的学界的重视，一些研究集中于经典的环境库兹涅茨曲线（EKC）、"逐底竞争"还是"逐顶竞争"、"污染避难所假说"、"波特假说"等西方基本理论在中国是否存在的验证。一项基于动态面板高斯混合模型（GMM）的实证分析表明，在环境规制、地方竞争对于绿色发展效率的提高方面，前者具有促进作用，后者则具有抑制作用，这二者交互也具有抑制作用（何爱平等，2019）。针对目前环境污染（环境质量）对经济增长影响研究较少的现状，陈诗一等（2018）通过两阶段最小二乘法（2SLS）分析细颗粒物对经济发展质量影响后发现：环境污染降低了经济发展质量，通过环境治理可以减轻污染进而促进经济发展质量，而城市化和人力资本是其传导机制。张可（2019）的研究则揭示出市场一体化与环境质量之间的倒U形关系，从中发现技术创新、环境规制和能源效率是其3个传导机制。针对跨区域间环境治理的问题，学界已经开展了相关的研究，在合作治理的意义、方式、困境和出路等方面，已有研究成果较为多样和丰富，但合作治理的机制、演变、效果等方面的系统成果较为缺乏。在合作治理是否有效的认识上也不尽相同。

有研究表明，跨区域组织的建立有利于环境治理效率的提升（胡志高等，2019）。针对环境治理主体，目前除大量的关于政府规制、市场激励的文献外，近年公众参与环境治理的论题引起了学界的关注，并探讨了公众参与的含义和基础、方式和内容、环境效应和影响因素、驱动因子等问题（陈润羊、花明、张贵祥，2017）。公众参与环境治理是社会行动体系的主要内容（秦书生等，2019），然而，我国公众直接参与环境治理的机会、条件和能力依然有限（洪大用，2012）。在公众参与的环境治理效应上，不同的研究成果所得的结果也有差异。一般认为，公众参与具有环境治理的效应，但也受公众参与层次和水平的限制且呈现时间滞后、空间有别的特征。公众关注度的提高也会助推 EKC 更早跨越拐点，进而较早迈入绿色发展的阶段（郑思齐等，2013）。对环境公共决策具有影响力的高层次参与不足是我国目前公众参与水平总体较低的主要原因，也影响了环境治理的效果（周亚雄等，2020）。公众参与环境治理的驱动因素呈现多样性，主要有：环境风险、人地压力、排放强度、信息化水平、经济水平、产业结构等（马勇等，2018）。目前的公众参与主要体现在以投诉上访为主的低层次层面，而以建言献策为主的高层次治理效应尚不显著（郭进等，2020）。总之，目前我国公众参与实践发展相对有限，研究也比较薄弱，尚待在协同治理的视野下去深入探索。①

---

① 本章对全文具有统领性的文献进行了综述，后文实证检验针对的是独立性相对较强的大气环境协同治理，且相关文献与模型构建、效果评估等都联系紧密，因此，该主题的文献梳理将在第 8 章中进行。

2.2 现有研究的总体特点、不足和趋势

从对上述中外文献的分类梳理可以看出，针对区域环境协同治理的主题，区域经济学等不同学科已经进行了相应的研究和探索，也取得了积极的进展，但也存在许多不足需要进一步深入研究。综合而言，呈现如下特点。

（1）研究主题相对比较广泛，并在多维度上寻求深入探究

中外文献涉及的研究主题主要有：在经济增长与环境污染的相互影响上，更多围绕 EKC 的验证和拓展；不同区域的产业转移的"污染天堂"效应和"污染避难所假说"及其是否存在；"生态倾销假说"及其验证；地方竞争、环境规制和环境政策执行的策略性行动以及"逐底竞争"与"逐优竞争"的争论；环境规制的"波特假说"和成本假说；财政分权与环保"联邦主义"；财政视角下的环境治理分权和激励；外部性、经济集聚与环境污染；生态效率、环境效率的测算；区际生态补偿等。这些研究主题综合起来呈现出现有研究的多样性格局，并试图在各自深入研究上寻求突破，而整合性的综合研究体系尚待继续构建。集聚是空间经济学研究的主题之一（藤田昌久等，2013）。一般而言，空间集聚造成的污染负荷会影响环境的可持续性，而环境容量和环境承载力的有限性对

空间集聚具有约束性。因此，从学科融合的角度看，空间经济学与环境经济学需要交叉融合，在两者的模型里各自纳入环境承载力和空间因素（石敏俊，2017），进而才能增强对真实世界的解释力。

（2）研究涉及学科较多，"治理"概念在演化中有泛化的趋势和现象，对各类"治理"概念的理解各有不同，需要深入辨析

经济学、管理学、政治学、社会学等学科对于"治理"涉及的相关问题都进行了研究，但对于"治理""环境治理""区域"以及与它们组合而成的概念的理解各有不同。即使在区域经济学、环境经济学、（新）经济地理学等学科内部，不同学者立足各自的学术背景和研究主题，对"治理"及其衍生而出的"环境治理""区域环境治理""协同治理"等概念的理解也各有差别。对于各类治理概念，如合作治理、联合治理、跨域治理、协同治理、网络化治理、互动式治理等的理解和应用，除少部分文献对其概念内涵和差异进行了明确的界定外，大部分文献存在要不没有明确的界定、要不使用比较混乱的现象，因此，"区域环境协同治理"及其相关概念内涵、特点和异同等尚须进一步辨析和厘清，如把环境治理仅仅理解为环境工程与环境技术领域的环境污染问题的解决，就难以从根本上去推动制度的变革，也难以推进相关研究的深化。

（3）国内的研究更多的是用中国的数据来验证或拓展由西方经典理论模型提出的各种假说，本土化的理论建构尚在征途中

目前该主题的实证研究采用的主要模型和方法有：空间 Durbin 模型、空间自滞后模型、经典的与扩展的新经济地理学模型、双重差分模型等，检验结果因方法、样本、具体规制工具类型、污染物性质等而有所差异。在基本的、具有学术影响力的经典理论和假设上，长期以来都是西方理论居于主导和原创位置，如环境外部性、环境库兹涅茨曲线、"污染天堂"

效应和"污染避难所假说"（贺灿飞、周沂，2016）等概念和理论假说的源头都是西方，我国的研究更多是进行验证和修订，甚至"协同治理"本身的概念起源和主导范式都是西方的。目前我国还没有形成具有学术共同体共识和"范式"的关于"区域环境协同治理"方面的理论体系和分析框架，因此，在"本体和认知"基础上的"本土化"和"中国化"的原创性研究还须持续努力和不断建构。①

（4）既有研究虽有积极进展，但"区域环境协同治理研究"中的基本问题和深层问题还有待继续深化和系统探究

区域经济学对于区域合作与区域治理已有一定的研究，但更多关注的是经济合作和治理，对于环境治理合作方面的研究尚待深入开掘。现有的跨区域合作研究，更多是从政府（包括央地两级政府、地方政府间）的博弈及政策协调等角度切入，虽有将政府、企业和社会置于一个分析框架的成果，但将治理主体、治理动力、治理行动、治理结果等环境治理最基本、最关键的因素统一整合为系统性的理论分析框架的成果还有待搭建。在模式研究上，当前的研究主要以地域命名并划分的方法，在理论价值上缺少可挖掘和延伸的空间，陷入了"就地域论地域""就模式论模式"的思维泥潭，如何把地域性案例与模式性分类结合起来进行分析，是需要着力研究的方向。在研究对象上，现有文献除笼统地关注全国范围内的环境合作治理外，主要关注一些发达地区，但较少有对

---

① 芝加哥大学赵鼎新教授认为：本土化和中国化不能简单等同于"中国特色的社会科学话语体系"，虽然两者之间有联系。本土化有5个递进的层次：研究问题、视角、概念、方法、本体和认知的本土化，层次越深入，越接近于"话语体系"层面的中国化。本体是一个领域内部的"公理"体系，是其他更为具体的分析方法的出发点，认知是知识的准则。来源：赵鼎新. 从本土化到中国社会科学话语体系（视频讲座）.《社会学研究》编辑部，2020-10-13. 视频来源："社科优选"微信公众号，https://mp.weixin.qq.com/s/kN_KxNkGAjZhmw7Nbjg-DA.

于不同典型地区的综合性的比较分析及典型环境协同治理模式的深入分析。已有我国环境治理历程、经验、教训方面的总结，已有学者对具体环境问题的治理、环境管理制度的变革等也开展了研究，然而对更为根本的环境治理背后反映的国家制度背景却缺乏系统的考察，而从制度背景延伸而来的演进逻辑上去认识和理解环境治理才能把握其实质。从研究链条上看，目前大多数研究只考虑"治理事件—治理机制"相互作用，尚未深入治理结构的分析，因此，形成"治理事件—治理机制—治理结构"整体性的研究脉络，是目前需要着力的方向。

（5）立足已有研究，亟须面向未来、面向实践的理论创新

中外环境治理的实践表明，已有的传统治理方式正面临着种种挑战，创新和应用协同治理的新形态才能适应当代复杂环境问题和集体行动困境问题应对的需要。综上所述，由于现有研究在区域环境协同治理方面还存在许多不足，因此，在理论上至少需要在如下 5 个方面的深入开拓：一是构建涵盖协同治理背景、主体、动力、行动、结果等最基本因素相互作用的理论框架体系和机制，并分析区域环境协同治理失灵困境的根本缘由；二是系统总结中华人民共和国成立 70 多年环境治理的演进历程、基本特点和发展趋势，立足中国大地，揭示中国环境治理演进的基本逻辑；三是进行我国不同典型地区已有的区域环境治理实践模式的提炼总结和深入比较，并在模式分类理论的指引下，总结提炼区域环境协同治理模式的基本类型、构成体系和结构特点，呈现基于地方实践探索和国家统一推进共同作用的区域环境治理模式的多样性；四是构建计量模型，通过适宜的政策评估方法，科学、客观地评估环境协同治理行动的环境治理效应和治理效果，进而发现环境协同治理实践中需要改进的环节和领域；五是提出中国区域环境治理体系和治理能力现代化的改进路径，为深入推进环境治理体制改革提供理论指引。本书的研究试图在上述这些方面进行相关探索。

2.3　本章小结

从国外研究概况及外文文献对中国研究的梳理总结，可以发现如下
4 个方面的内在研究演化趋势和基本特点：空间经济学视野下的由从"环
境治理"研究拓展到"区域环境治理"研究，顺应了跨区域环境合作的
现实需要；环境领域的冲突、合作方面的研究，呈现了"绿色跨越""绿
色转型"需要直面的环境跨界性治理困境；治理、环境治理与区域治理
及其影响因素，多种因素交织下的多层次治理体系构建的多样性和复杂
性；环境治理的中外比较、不同治理主体和治理方式的介入，中国环境
治理模式的特殊性。而从国内研究概况及研究进展上分析，呈现出的研
究主题总体联系的 4 个主要特性有：从行政区管理到区域治理，跨界治
理和协同治理的研究不断受到重视；"环境因素"已成为认识区域经济
的重要切入点，环境与区域之间关系的研究不断深化；地方竞争下环境
规制成为竞争的工具之一，不同区域在环境规制的强度和方式上也呈现
策略性，并产生互动影响；环境治理从区域内部治理到跨区域治理、从
单独治理到联合治理，多区域、多主体、多手段的协同治理呈现出研究
进路的新趋向。

综合比较，在区域环境协同治理领域，国内文献与国外文献在研究

方向上具有一定的趋同性，但研究主题的侧重点、切入视角各有不同，并呈现各自不同的研究格局和特点。

中外文献现有研究的总体特点、不足和展望可以总体概括为5个方面：研究主题相对比较广泛，并在多维度上寻求深入探究；研究涉及学科较多，"治理"概念在演化中有泛化的现象，对各类"治理"概念的理解各有不同，需要深入辨析；国内的研究更多的是用中国的数据来验证或拓展由西方经典理论模型提出的各种假说，本土化的理论建构尚在征途中；既有研究虽有积极进展，但"区域环境协同治理研究"中的基本问题和深层问题还有待继续深化和系统探究；立足已有研究，亟须面向未来、面向实践的理论创新。

总体而言，已有的国内外区域环境协同治理的相关研究在不同层面已经取得了积极的进展，但也存在许多可供进一步研究的空间和理论创新的需求，正因如此，本书试图在继承前人的基础上，继续深入开展区域环境协同治理问题的研究。

第 3 章　区域环境协同治理的概念与特点

　　概念的梳理和界定是理论研究的基础，本书也正是由此开始展开分析的。什么是区域环境协同治理呢？其核心内涵是什么？有哪些特点？又有什么局限？与其相关的概念有哪些？彼此之间都有什么样的关系？这些问题正是本章将要回答的。首先，本章对区域环境协同治理相关的概念进行了辨析和界定；其次，分析了区域环境协同治理的特点；再次，概括总结了区域环境协同治理的内在要求；最后，对区域环境协同治理的主要限度进行了剖析。

3.1 相关概念辨析与界定

从统治向治理转型是应对复杂环境问题的需要，也契合了民主化的趋势。为分析的聚焦，并避免同一术语因概念理解不一而引起不必要的歧义，本书根据"治理"本身核心意涵及其延伸和解读，在此对本研究所涉及的几个关键核心概念进行辨析和界定。

3.1.1 治理

"治理"（Governance）这一概念本身具有丰富性和多义性，可以从不同角度、不同学科、不同层面予以理解。

在此整理概述几种比较有代表性的、早期经典的和最新的观点和认识。治理的概念发源于西方，英文文献对此的认识主要有以下几类：交易成本经济学理解的治理是关于有效应对委托—代理问题、交易费用最小化的组织设计和制度安排（威廉姆森，2011），治理是一种用来估计组织之备择模式（或者手段）效率的实践，而市场制、层级制、官僚制、混合制等都是治理制度或备择模式（威廉姆森，2016）；全球治理委员会界定的治理是公私机构管理共同事务的过程（The Commission on Global Governance，1995）；与市场和等级制度（markets and hierarchies）

相对应，治理可以理解为自组织的组织间的网络（self-organizing、interorganizational networks）（Rhodes，1996）；1998 年，格里·斯托克提出了治理的 5 个论点——多机构伙伴关系、公共部门和非公共部门之间的职责模糊、参与集体行动的组织之间的权力依赖、自治网络的出现、新的政府任务和工具的发展等（Stoker，1998）；11 年后，彼得斯在此基础上提出了 10 点想法——治理是掌舵、不应忘了政府、治理是理论、在朋友的某种帮助下撑下去、带定语的治理、等级体系的阴影、治理与政策、治理发生在许多地方、治理可能是新瓶装旧酒但也可能是一些新酒、可能他走得还不够远等，并认为对治理的分析应着重于信念、实践、传统和困境（Peters，2019）；治理也可以理解为伙伴关系，而结构复杂性和多样性影响了合作发挥潜力的领域（Huxham，2000）；库依曼认为，治理既是不同社会和政治行动者之间相互作用的过程，也是行为者互动而产生的模式或秩序（Kooiman，2003）；治理是指行为体如何利用流程和决策来行使权力和控制、授予权力、采取行动和确保绩效的行为（Fredericksson，2005）。

俞可平是较早应用"治理"概念并进行研究的中国学者，他认为"治理"与"统治"（Government) 的概念有别，治理是在限定领域内对权力的运用（俞可平，1999）；另有学者认为，治理是一个复杂演进和相互调适的过程（李文钊，2016）；治理也可以理解为一种配置主体责、权、利的制度安排（杨开峰 等，2021）。

概括而言，治理既可以是理论层面的，也可以是实践层面的；从词性上讲，可以是名词，也可以是动词；经济学、管理学尤其是公共管理学、政治学、法学、社会学等社会科学以及生态科学、环境科学等自然科学，都会使用该术语，但理解各不相同；前缀加限定词后的"某某"+"治理"，往往指向也各有不同，如市场、政府和社会的治理等以及生态、环境的治理等就属这种情况；既可以是手段指向型的，也有时是目标导向型的，或者二者兼而有之；治理可以是一种过程，也可以是一种结果，或者兼而有之；从定义上看，可以界定为"治理是什么"的方式，也可以从反面说"治理不是什么"，如治理不是，也就不同于"统治"和"管理"等；不同语境下的"治理"内涵也千差万别。通过对上述国内外文献的综合梳理和归纳发现，治理的核心内涵具有达成共识基础上的多样化认识格局和特点。

3.1.2　生态系统与环境系统

本书中所论述的生态系统（Ecosystem）与环境系统（Environmental system）有内涵大小之别，一般前者包含后者，前者更多作为"自然秩序"而存在，因此受自然规律的约束和支配；后者虽然具有受自然规律约束的一面，主要表现为其具有自我修复的能力，但也同时兼有承载人类经济活动并受其影响、冲击的另一面。

3.1.3　环境容量与环境质量

环境容量（Environmental capacity）是环境系统生态服务功能和价值的重要体现，是在一定的人口和经济活动下，环境系统所具有的承载能力和对污染的自我降解和消纳限度。在一定程度上，环境容量和环境承载力、环境阈值等概念可以互换使用。环境质量（Environmental quality）则是环境系统整体功能的水平和状态的呈现，在人为管理下，一般而言，环境质量可以根据一定的技术标准（如环境标准）进行分类分级判定。环境质量是一种区域间的公共物品，环境污染是一种公共厌恶品，两者都具有消费的非竞争性和非排他性等特征。环境容量则是一种"公共池塘产品"，其具有消费的非排他性但有竞争性等特征。

3.1.4　环境治理

现有研究对环境治理（Environmental governance）的理解更多是从对环境污染问题解决的狭义角度进行，本书从"环境治理—生态宜居—地方品质"这样广义的角度理解，这样更能体现"善治"的本意。[①]具体而言，在理论分析上把"环境治理"理解为集体行动的过程和结果，在这个意义上，"环境治理"成果的"环境质量"乃至"地方品质"就可以作为一种公共品或准公共品，具有不同于私人物品的属性和特征，具有公共事务的特征，是政府所提供的一种公共服务。因此，广义上讲，"环境治理"除了包含应对环境问题本身外，还应包括与环境保护相关的治理理念、过程、行动和结果，也是一种正式或非正式的制度安排，其以共治、精治和法治为手段，以"善治"为根本目标。但在实证分析时，考虑数据可得性、模型构建等方面的限制，此时的"环境治理"可适当按狭义的角度理解，那就是不同区域应对跨域环境问题所采取的集体行动。

对环境治理也有称之为生态治理的，二者概念基本同义，内涵和外延有交叉和重叠之处，但侧重点因研究者各自界定的不同而不同。如与经济治理、政治治理、文化治理、社会治理等并列应用时，环境治理便

---

① 杨开忠在 2017 年提出的以提升地方品质驱动高质量发展为主要观点的"新空间经济学"认为，地方品质是各地空间上不可贸易的消费品数量、多样性、质量和可及性的总和，由包括优美自然和人文环境在内的 4 个方面构成，详见：杨开忠 . 以提升国土空间品质驱动高质量发展 [J]. 中国国情国力，2021（2）:1.

被认为其共同构成了国家治理体系，因此，环境治理能力现代化也就是国家治理能力现代化的重要支撑和基本要求。

3.1.5 区域环境治理

"区域环境治理"（Regional environmental governance）主要突出环境治理的地方异质性，在环境治理的演进分析中，主要考察整体上环境治理的逻辑、结构，并不特别强调其"区域性"，但在其他内容的理论分析上，"区域环境治理"中的"区域"既具有地方异质性的内涵，主要关注不同行政区域之间在环境治理过程中的冲突和矛盾，也更强调跨行政区域的协调和合作，在这个意义上，"区域环境治理"就是相关区域主体之间对于应对环境问题这一跨界公共事务和公共问题所开展的一系列的集体行动。

3.1.6 协同治理

正如治理具有多种定义一样，协同治理（Collaborative governance）同样具有多种角度、多种内涵的理解。

协同治理将公共和私人利益相关者与公共机构一起召集在集体论坛中，以进行面向共识的决策（Ansell，Gash，2008）。协同治理有 3 种类型：自我启动型（Self-initiated）、独立召集型（Independently convened）、外部指导型（Externally directed）（Emerson，Nabatchi，2015）。元治理（Meta-governance）是协调一种或多种治理模式，从而克服治理失灵（Gjaltema，Biesbroek，Termeer，2020）。

我国有学者认为，协同治理理论是自然科学中的"协同论"

（Synergetics，由德国物理学家赫尔曼·哈肯创立）和社会科学中的"治理"理论的交叉理论（李汉卿，2014）。国外对协同治理的理解更多是社会科学层面的，较少有学者将其与物理学领域中的协同学相联系（田培杰，2014）。也有学者把"治理"等同于"协同治理"，且认为20世纪90年代后这二者的含义是一致的（徐嫣等，2016）。作为西方应对公共问题制度形式的协同治理，突出强调了公共政策的合法性和公共治理的民主性（蔡岚，2015）。

　　本研究不是从物理学的协同概念去延伸理解协同治理，更多是从经济学、管理学等社会科学的角度使用这一概念。①由于环境问题的外部性、环境治理的公共性，因此"协同治理"主要强调治理的多主体、多手段、多部门、多领域的共同参与和协调配合，也就是说，针对环境治理所体现的地方品质，需要不同区域、政府和企业及社会组织等不同主体进行跨行政区域、跨不同部门的公私合作，也要注重命令控制、市场激励、自愿参与等不同手段的综合应用，只有这样，才能通过环境治理，提升地方品质，促进地方发展，满足人民需要。

　　协同治理是因应复杂跨域问题需要，建立起来的多层级（政府内部央地之间、上下级之间）、多区域（政府内部同级地方之间）、多主体（政府、企业和社会组织等）、多模式类型（基于规制和管治的政府治理、基于交易和价格的市场治理、基于契约和自治的社会治理等）的互动网络，是融合了科层治理和市场治理的一种网络式治理。协同治理理论是对"巨人政府"论、多中心治理论和新区域主义理论的扬弃。协同治理虽然是以创新方式应对社会和经济挑战的积极尝试，但不应被视为解决任何问

---

① 笔者在早前的另一专著中，对"协同"的认识是从赫尔曼·哈肯所提出的、物理学的视域去理解的，见：陈润羊.西部地区新农村建设中环境经济协同模式研究[M].北京：经济科学出版社，2017.

题的灵丹妙药和适用于各种情况的"万金油"。

3.1.7　区域环境协同治理

环境问题具有外部性的特征，利害攸关的不同区域主体在区域环境治理上也会面临追逐个体理性而导致集体无理性的"集体行动的困境"。政府治理、市场治理和社会治理却会遭遇"市场失灵""政府失灵""社会失灵"的难题，"协同治理"试图超越这些困境和难题，然而，亦要面对自身"治理失灵"的困扰。即便如此，"区域环境协同治理"（Collaborative governance of regional environment）仍不失为应对这些难题的现实路径。

由于协同治理具有多义性，与此紧密关联的区域环境协同治理因此也有多重理解。其是由核心治理主体发起，针对跨区域中环境问题和公共事务治理的需要，由多个区域主体通过多种形式和采用多种治理工具形成的多元治理网络；是国家、市场和社会在政府治理、市场治理和社会治理等中的多类型融合体系；也是政府组织和非政府组织、公私合作中进行环境公共政策协调、环境产品供给的综合平台。其是解决跨域环境问题，处理环境公共事务的制度、机制和方法集合的一种制度安排和组织设计，也是区域主体所采取的一系列环境治理的集体行动。

在我国环境保护实践和政策实施中多使用"污染防治区域联动""生态环境保护合作""区域联防联控""环境治理协调联动""生态环境共保共治""环境污染联防联控""环境联动治理"等政策性用语[①]；国外学术研究和环境政策中多应用"多中心治理""去中心治理""合

---

① 见第 1 章中的表 1.1。

作治理""协作治理""跨域治理""弹性治理"等术语，所有这些用语和术语的概念侧重点各有不同，但与"区域环境协同治理"这个术语在内涵上都有一些共同的特点，都更多地强调多主体、跨地域、多手段、柔性化、网络化、互动性等特征。关于协同治理及其相关概念的异同见表 3.1 中的比较。①

表 3.1　关于协同治理及其相关概念的比较

概念类别（英文表述）	侧重视角 / 治理因素构成	核心内涵
多中心治理 （Polycentric Governance）	治理主体	重点强调除某个治理主体之外，还需要吸纳更多异质性类型治理主体的参与，如政府、企业、社会组织、公众等，更多强调政府之外其他主体的共同参与
去中心治理 （Decentralized Governance）	治理主体	主要突出的是在政府一元化传统治理基础上，向市场和社会开放权利
合作治理 （Cooperative Governance）	治理主体	更多的是指同层级、同类型治理主体之间的合作，如同一等级地方政府之间、各个企业之间，尤其是指政府之间为达成一定目标开展的集体行动
跨域治理 （一般用 Cross-boundary Governance，有时也用 Cross-regional Governance）	治理主体和/或治理客体、治理工具	主要强调不同区域、地区之间的合作，"跨域"中的"域"可以是区域、组织，在这个意义上，跨域治理也就包含不同治理主体的融合；也有从治理对象、治理工具角度的理解；还有三者兼而有之的理解
弹性治理 （Flexible Governance）	治理手段 / 治理工具	强调治理手段的柔性化和可适应性，在命令控制性治理工具的基础上，引进更多市场激励性和自愿参与型的治理方式

---

① 另外，本书研究还涉及区域环境协同治理的体系、机制和模式等核心概念，因与后文的专章分析更为紧密，因此这些概念将在后文中进行界定。

续表

概念类别（英文表述）	侧重视角 / 治理因素构成	核心内涵
协作治理 （Collaborative Governance）	治理方式、治理模式	更多强调治理方式和治理模式中关于治理主体、治理工具的综合应用，与协同治理最为接近，但在政策领域和实践领域使用较多
协同治理（社会科学一般用 Collaborative Governance，偏自然科学的大多用 Synergetic Governance，当然也有通用和互用的情况）	治理主体、治理客体、治理手段； 治理结构、治理过程、治理结果； 治理方式、治理模式	学术术语。总体而言，协同治理是涵盖治理主体、治理手段、治理客体、治理结构、治理过程和治理结果的网络体系，也可以理解为一种治理的方式或治理模式。在具体使用时，可以从整体性上把握为综合的治理网络体系，而在分析时可以从其构成的不同因素及其交互作用方面展开论述

3.2 区域环境协同治理的基本特点

区域环境协同治理具有一些不同于其他治理的显著属性和基本特点，其中的某些特点是"治理""协同治理"所共有的，但有的特点是与区域环境问题的属性紧密相连的。

3.2.1 开放性与动态性

区域环境协同治理系统本身不是封闭的和静止的，具有开放性和动态性的特点。区域环境协同治理的内部构成要素、外部影响因素以及它们之间，都存在物流、人流、信息流的流动，并形成了相互联系和相互影响的复杂网络体系。区域环境协同治理系统的功能和状态也不是一成不变的，而是随着环境问题、主体需要、能力资源等方面的不同而不同。

区域环境协同治理系统是由多个维度、因素构成的，其发展变化也受外部多种因素的影响和制约，因此，无论是从区域环境协同治理的内部构成要素，还是外部影响因素，以及它们之间的联系而言，都具有开放性和动态性的基本特点，会因构成因素和影响因素的作用、变化而发生变化。从这个意义上理解，区域环境协同治理就是一个多因素交互作用的过程。

3.2.2　非线性与演化性

构成区域环境协同治理的维度和影响因素之间具有相互联系、相互影响和相互制约的复杂的交互作用，并彼此之间形成复杂的网络，区域环境协同治理的整体效应与其构成之间不具有简单的对应、映射关联，因此，区域环境协同治理具有非线性的特点。

特定时空条件下的区域环境协同治理，总是与一个国家和地区的政治治理体系、法律法规、文化传统、技术水平等结构密切结合起来或嵌入进去，区域环境协同治理会随着这些制度结构、技术结构的变迁而不断地演进，因此，也就具有演化性的特点。一般意义上，区域环境协同治理的演化性表现在：在治理主体上从一元政府到吸纳多元主体；在治理手段上从刚性到与柔性并用；在总体上形成多元互动的治理网络和组织形态等。

3.2.3　复杂性与适应性

区域环境协同治理涉及多种异质性的治理主体，强调国家政府行动者与非政府组织、公众的互动及公私合作；同时与科层治理、市场治理等治理类型有着千丝万缕的联系；也融合了正式规则和非正式规则等。区域环境协同治理关注和聚焦于两大相互联系的棘手问题和复杂问题：区域环境问题与集体行动问题。而这两大问题本身都具有复杂性，因此区域环境协同治理也具有复杂性的特点，同时还包括其构成因素、影响因素等的复杂性。

适应性是指区域环境协同治理在应对区域环境问题与集体行动问题的过程中，行动与结果之间、治理工具与治理效果之间以及治理构成要素与区域环境协同治理系统之间等都具有一种相互影响、相互促进、相互制约的反馈调节作用，并使区域环境协同治理能够适应变化了的这两大问题。当然，其适应性具有一种时间上的滞后效应，而且，适应性也建立在人为调节和系统本身演化的基础上。

3.2.4　周期性与迭代性

区域环境协同治理是一轮一轮的过程，每一轮都包含着发起、开始、运行到结束等不同的阶段，各个阶段不可能从整体上完全分割、分离出来。总体上的区域环境协同治理，就要面临终止的问题，而协同治理的终止，可能是完成了某种治理目标从而失去协同治理的缘由而自行结束；也可能是协同动力衰竭而无法进行下去；或者是制度背景中的某个、某些元素（如法律制度）等发生重大改变所致。

在运行的区域环境协同治理过程中，每一轮的环境治理行为和行动，旨在解决跨域的区域环境问题和集体性的难题，行动的结果一般会达到或接近环境治理的目标和结果，而每一轮具有周期性的区域环境协同治理，在行动和结果之间都是连续重复和不断反馈的，这就是所谓的"迭代"。而每一周期的迭代结果是下一个周期的初始条件或初始值，并由此作为新的起点再次进行循环往复的治理过程。

3.3 区域环境协同治理的内在要求

区域环境协同治理并非总是有效的，其具有四大内在要求：民主化、法治化、科学化和专业化。

3.3.1 民主化

协同治理是在克服科层治理、市场治理存在缺陷的基础上产生的，本身强调的吸纳多元主体的参与、公私合作等关键因素既是民主化的构成因素，同时无疑契合了民主化的趋势和需求，因此，在区域环境协同治理上，要在制度设计、规则应用、组织实施、反馈调节等方面体现出对环境公共事务等社会公益的关注和应对，并增强对公众关于生产环境、生活环境等生态环境质量更高需要的回应性，把环境公共产品的有效供给作为政府的职责，体现政府在区域环境治理中的责任性。网络驱动的决策，可以产生更广泛支持和更具创新性的关于公共问题的解决方案，在此过程中需要增强协同治理的包容性，容纳广泛的利益相关者和来自不同部门的观点。而激励、相互依存和信任是包容的重要前提（Ansell，Doberstein，Henderson，et al，2020）。

3.3.2 法治化

法治化的制度背景是区域环境治理的初始条件，也是协同治理本身的内在要求，这就需要构建严密的生态环境保护法律体系，在立法、执法和司法上有一套彼此衔接、相互呼应的程序体系，做到实体法和程序法的统一。在具体的区域环境协同治理中，协同组织的建立和更改、协同行动的发起、利益调节和补偿、治理效果评估和反馈等符合合法性的基本原则，用透明性、公开性保障相关利益群体的知情权、参与权和监督权，并用切实的问责性对本应承担而未能承担的治理主体追究相关责任，通过法治化的制度背景稳定治理主体长期参与区域环境治理的预期。

3.3.3 科学化

区域环境协同治理要遵循与其本身相互联系的一系列自然、社会和经济规律才能达到预期的效果，这就使科学化也成为其内在需要。在需要遵循的具体规律上至少包括以下方面：生态环境系统的整体性、完整性、多样化等规律；社会经济运行的激励相容、分工合作、集体行动等规律。也就意味着，区域环境协同治理需要激发和调动治理主体参与协同治理的积极性和主动性，聚焦于区域环境问题的外部性和外溢性，直面区域个体理性导致的集体无理性的关于集体行动的困境，进而用协同治理的网络在遵循上述规律的基础上去应对和回应这些棘手问题和复杂难题。从系统论的视角理解，科学化就是区域环境的协同治理系统需要与紧密相关的其他系统能够协调共生并形成有机互动的良性格局。

3.3.4　专业化

在现代区域环境治理中，为了达到预期的治理效果，不但要在制度设计上调动相关区域主体的积极性，而且还需充分利用高新的各类技术手段，用专业化去保证程序公平性。现代的高新技术不仅仅是环境科学和环境工程技术，还包括通信、智能等技术，以及大数据、网联网、云计算等高新技术，当然还有环境管理相关技术，且要把技术性和专业化结合起来，如有环境治理的需求方委托专业机构进行的"第三方治理"就是融合了工程科技与管理理念转变的产物。在此过程中，需要克服的倾向是：切忌用技术性思维代替治理本身需要的人本化关切、用技术性的修补代替制度的优化，因为技术无论多高新，只有真正服务于人本身的需要才是价值理性之本。

3.4 区域环境协同治理的限度

虽然，协同治理对于解决当今的诸多区域环境问题及其合作困境是适宜的，但不能由此认为协同治理是万能的，因为其同样有自己的适用边界和适用限度，在适用边界和适用限度内，可以通过一定的方法、采取一定的干预措施促进环境治理，但是一旦超过其适用边界和适用限度，则意味着协同治理的终结。因此，需要进一步分析区域环境协同治理的限度。

3.4.1 主要限度

综合而言，从宏观的对比到微观的应用，区域环境协同治理所面临的限度主要有：（1）作为一种新型治理方式的协同治理与传统科层治理、市场治理如何兼容或如何嵌入后两者中去，进而发挥各自的优势并规避各自的劣势；（2）如何克服从一开始到协同治理进行中都要面临的分享权力和建立共识有关的障碍（Margerum，Robinson，2016），特别是当所要解决的问题和系统背景提供了更多的取舍和更少的机会影响到共同收益时更是如此；（3）协同治理对政府、企业和公众提出了新的更高要求或政府、企业和公众的特质如何影响协同治理的行动和效果，如环境公共政策决策和执行的透明化、科学化、法治化，企业把环境治理作为社会责任的一部分予以履责，社会公众较高的环境素养等；（4）如何创建和维护协同治理网络，以解决涉及深层次利益冲突的复杂和棘手问题，同时也有利于相对简单任务的有效协调；（5）如何实现社会和自然生态网络的有机耦合，也就是形成所谓的"社会生态系统"（Social-Ecology System），在具体的地方性的区域中促进社会纽带形成过程，以使不断发展的协同治理网络发展出理想的结构特性，包括与生物物理系统的良好契合；（6）如何将协同场所用作阻止现状的变化的地方，如何使不感兴趣的参与者最佳地参与协同治理网络；（7）如何创建和维护灵活、适应变化但又足够稳定以促进相互信任和共同承诺发展的协同治理网络（Bodin，2017）。

3.4.2　出现限度的缘由

（1）在面对深层次的冲突、文化或权力障碍时，一些限度与协同治理的局限性有关。例如，有研究指出，在一些国家和地区的跨文化背景下，在利益相关者参与和建立共识的民主方法不合适的情况下，应用协同治理是困难的。当然，这些同时也是其他治理方式的局限性。（2）还有一些局限可以归结为协同模式的弱点，这些是更容易发生障碍的脆弱点，如过于复杂的流程和严重依赖利益相关者并不利于协同治理。（3）一些限度与应用协同模型的困难有关。这些需要通过培训、经验和对最佳做法的关注予以应对（Margerum，Robinson，2016）。能够经受和克服上述限度，协同治理才能得以启动并运行下去。

3.4.3　干预应对

一般可以通过以下措施应对区域环境治理的不足：（1）引入新的行动者；（2）提供激励；（3）推进区域治理的能力或机构建设；（4）促进或支持具体行动的实施；（5）监督和评估治理的结果，以促进适应性治理（Bennett，Whitty，Finkbeiner，et al，2018）。因此，这就需要综合考虑行动者、行动、区域治理能力、行动者动机等因素的影响，以更好地激发和促使协同治理取得预期的效果。

3.5　本章小结

　　本书研究涉及治理、环境治理、区域环境治理、协同治理、区域环境协同治理等 5 个核心概念，而作为本源的"治理"概念本身具有丰富性和多义性的特点。生态系统与环境系统、环境容量与环境质量这两组概念，既有联系，又各有不同。

　　从经典的科层治理、市场治理、网络治理等治理类型划分而言，需要明晰本书研究主题涉及的协同治理与网络治理的关系。协同治理可以归属到网络治理中去，因为协同治理与网络治理都具有多主体参与、利益共享等共有的基本特征，但网络治理中包括协同治理、多中心治理、合作治理等多种形态，每一种形态的侧重点会有所不同。简而言之，网络治理本身内蕴着协同治理的要义，而从整体性治理视角来看，协同治理始终是存在的，但是不管哪种治理形态都面临着碎片化的困境。

　　区域环境协同治理有 4 对 8 个特点：开放性与动态性、非线性与演化性、复杂性与适应性、周期性与迭代性，而民主化、法治化、科学化和专业化是区域环境协同治理的四大内在要求。区域环境协同治理具有边界和限度。因此，不能把区域环境的协同治理视为无所不能的。

第4章　区域环境协同治理失灵的困境

从第3章的分析可以看出，总体上协同治理虽然可以有效应对区域环境合作困境，然而其也面临着"治理失灵"的难题。那么，区域环境协同治理到底面临着哪些具体困境呢？如何认识这些困境的现实挑战和理论缘由？更进一步，区域环境协同治理困境一般的应对策略和化解路径都有哪些？对于这些问题的回答，便构成了本章的主要内容。首先通过梳理已有的理论和实证研究成果发现，中国和外国都存在表现形式各有差别的区域环境治理困境的共有现象；其次拟从现实和理论两个层面，在深入分析区域环境协同治理困境的现实挑战和理论缘由的基础上，借鉴已有的理论并以应对区域环境协同治理困境为目标，进而寻求基本的理论认识和实际化解区域环境协同治理困境的一般策略。

4.1　区域环境协同治理难题现象的共有性

在现实中，存在许多的跨行政区域环境治理的难题和表现，如：将企业尤其是重污染企业和／或排污口布局和设置在行政边界上、对河流上游企业环境规制强度高于下游企业的"边界效应"；为应对环境监测断面考核，所采取的"河流顺流而下的环境规制"策略等等。这些意在规避环境规制的种种现实表现，都说明了区域环境协同治理面临严峻的现实挑战。中外许多已有的理论和实证研究成果，揭示和识别了中外都存在上述这些区域环境治理困境现象，当然，它们的表现形式各有差别。

许多针对污染"边界效应"的研究都验证了环境治理跨界性的难题。如一项跨界河流污染问题的实证研究便揭示出这样一个"典型事实"：行政边界监测点环境污染水平比非边界要高出许多——以酸碱度（pH值）、化学需要量（COD）、氨氮（NH_3-N）3 项污染物的浓度水平衡量，分别高出 16%、105.02%、90.02%，这种现象被称为"边界效应"，研究表明可以通过减少排放的政策予以约束和弱化那些被纳入政绩综合考核的监测指标（李静等，2015），但对于未被纳入考核的环境指标减排的政策影响则不显著。也有研究发现，中国的某一个省最下游县的水污染水平比其他相同的县要高出 20%，同时下游的地区征收排污费的执法力度也更为宽松，由此验证了省级政府通过对上下游地区宽严不齐的执法力度从而来应对污染减排目标任务的假设（Cai，Chen，Gong，2016）。在行政边界上，地方政府减少污染活动的动机相对较弱，因为社会成本由下游地区承担，晋升激励机制的引入会改变领导干部行为，对于纳入考核体系的总量控制类污染物，上游地区会采取措施减少污染，但对于未进行考评的其他污染物指标，却不是这样的（Kahn，Li，Zhao，2015）。针对巴西的相关研究证明了外部性理论的预测，随着河流接近下游出口边界，污染水平会不断上升，而更多的管理辖区加剧了污染外部性。可能的潜在机制是地方当局允许更多的定居点布局在下游河流。当辖区间协调的成本较低时，边界对污染的影响就显著性降低（Lipscomb，Mobarak，2017）。

由于环境质量涉及政府对环境治理与绿色发展政治承诺的兑现，因此其实现程度就非常重要。然而国家控制的环境监测站点的水质数据只能反映上游的排放量，因此地方政府领导干部就有强烈的动机通过更为严格的环境规制力度，来监管环境监测站上游而非下游的污染企业。与监测站下游的污染企业相比，上游的污染者化学需氧量（COD）降低了57%，全要素生产率（TFP）却损失了24%。TFP的不连续性在无污染行业中并不存在，只有在政府明确将政治激励与水质监测数据联系起来之后才会出现（He，Wang，Zhang，2020）。

由上述现象引发并需要探索的问题有：首先，从现实层面看，区域环境协同治理面临着哪些挑战？其次，什么因素是造成这些困境的理论缘由？最后，应对的一般策略都有哪些？对这3个问题的追问和回答便构成了本章后续逐层和递进分析的逻辑线索和基本内容。

4.2　区域环境协同治理面临的现实挑战

4.2.1　生态系统的完整性与人为管理的分割性

由各种环境要素构成的地球生态系统在整体意义上具有地域连绵、结构稳定和功能多样等一系列基本属性。崇山峻岭、大江大河、森林草原等地球上存在的、类型多样的不同生态系统，从整体上理解都具有内在结构相对稳定、提供生态服务功能多样以及地域分布接近连续等特征。然而，自从有了人类活动，为方便管理，对原有完整性的生态系统进行了人为地划分和区隔，以"山川形便、犬牙交错"为原则的行政管理区域的划分和按此进行分区域的管理活动便应运而生。这种由于生态环境系统自然性与行政管理区域人为性的分割，使得生态系统本身的完整性因地理分离和行政分割而造成疏离和间隔，这种人为管理对自然生态系统的分割，是区域环境协同治理困境的原始缘由。

4.2.2　污染的无界性与管理的有界性

作为自然系统中的构成要素的环境系统，具有自然秩序所共有的运行规律且不受人为因素的影响和约束，但人为的管理活动具有边界约束和限制。在管理尤其是行政管理中一般以辖区、部门、主体为界，跨区域和跨部门、跨主体的管理涉及合作治理的协调成本和交易成本问题。环境污染尤其是流动性的环境要素污染具有不受地域范围限制的扩散性和外溢性特点，但管理具有一定的边界约束，作为自然属性的环境系统与作为社会属性的管理行为之间难免会出现如何耦合协调的问题，因此，环境污染的无界性与管理尤其是依托区域、部门行政管理有界性之间的矛盾和冲突，也是现实中区域环境协同治理需要面对的基本挑战。

4.2.3　属地管理的限定性与跨界治理的延展性

一般意义上对生态系统的管理，根据行政管辖区的范围，由各个地方政府在中央政府相关生态环境管理部门甚至多个相关部门的指导下，进行本辖区有关环境法规制定和实施、环境治理基础设施的规划建设及运营、环境监测和环境质量的分析和公布、对企业和公众环境行为的规制和引导等管理行动，但这种管理本质上是以辖区所在范围为边界的"属地管理"，意味着本地政府只对本辖区的环境质量具有法律意义上的规制责任。然而，河流、大气等环境要素的流动性以及生态系统本身的完整性和系统性，要求构建一套能有效保障整体环境质量的管理体系，特别是对于跨越行政边界的环境纠纷和污染问题能够有效应对，这就需要不同的区域尤其是地理相邻的区域、不同的管理部门和不同的行为主体，以及这些区域、部门和主体之间，综合应用法律、经济、技术、行政、教育等手段体系，开展环境公共事务的跨界合作和协调。因此，"跨界治理"是保护生态系统完整性和系统性的基本需要，但是，在"属地管理"的体制下，"跨界治理"会涉及协调和合作的交易成本问题、协同治理机制如何建立和持续运行的问题。于是，以辖区为界的"属地管理"与跨地区、跨部门、跨主体、跨手段等在内的"跨界治理"之间构成了不可避免的矛盾和冲突，并由此给区域环境的协同治理同样带来了客观上的现实难题。

4.2.4　经济效益的短期性与环境效益的长期性

一般而言，在一定的市场机制作用下，地方的产业规模、税收收入和就业创造等经济效益有短期的可显示性，但自然规律作用下的地球生态系统更为稳定，受损后的生态修复和环境治理具有投入的长期性、维护的持续性和见效的时滞性等特点，如没有绿色发展相关激励相容的制度安排和诱导机制，在经济增长和环境保护的抉择中，往往很难兼顾统筹。经济效益的短期可见性与环境效益的长期性之间的权衡取舍，会受到经济发展的水平和模式、考核评价的体系、环境技术手段和管理水平、社会的治理结构等诸多因素的影响，而这些因素也就造成了区域环境协同治理的现实难题。环境库茨涅茨曲线表明环境质量要在人均收入达到一定水平后才会得到改善的基本原理（Grossman，Krueger，1995）。[①] 因此，对于后发地区而言，在高收入和高污染之间的选择受制于经济发展的阶段和环境经济协同发展的模式（如：先污染后治理、边污染边治理、不或少污染巧治理），据此引申而出的问题便是区域环境的协同治理同样也会遭遇环境经济关系演进阶段和发展模式的限制和制约。

4.2.5　政府更替、干部任期与环境治理过程的不一致性

在作为公共产品的环境治理中，行政管理的作用具有主导性，尤其

---

① 当人均年收入达到 0.8 万到 1 万美元（1985 年）时，一个经济体的环境污染会越过最高点，由环境恶化进入改善的区间。但学界对于环境库茨涅茨曲线是否存在、环境"拐点"到底何时到来等问题仍有争议。

是在统一的国家集中制下更是如此。即使各个国家的政体差异悬殊，但每届政府都具有不同形式的政治上的更替周期，领导干部任期也有不同时间长度的一定年限，由此，政府和领导干部政绩的评价和考核也就具有一定的周期性。为了连选连任或政治晋升，政府和领导干部都有在其任期内改善环境质量从而赢得政治支持的动机和行为，但是生态环境系统具有自身的长期发展规律和生态系统修复本身的调节周期，二者之间不一定或者说不会完全重叠，往往二者之间呈现差异性的叠置效应，这样就带来了政府更替的周期性、领导干部任期的年限性与环境治理过程本身的不一致性之间的矛盾和冲突，也最终造成了区域环境协同治理的困难。如已有研究表明，领导干部变更加剧了雾霾的污染水平（张华等，2019），由此也说明领导干部更替周期会对环境治理造成冲击和影响。

4.3　区域环境协同治理困境的理论缘由

4.3.1　外部性与搭便车

由于污染的远距离传输，致使污染的排放地区与接受地区不在同一区域，污染排放源和受体往往是分离的。[①]污染产生者往往拥有环境管制者难以知晓的污染控制成本等信息，由于存在信息不对称问题，使区域环境治理的边际损害成本和边际控制成本相等的"最优污染水平"一般不为零。现实中，基于效率有效性的环境管制设计很难实现，因此，基于成本有效原则实行的具体化环境目标——环境质量标准——以预先确定的"最小成本污染水平"的形式体现出来。环境质量是一种区域间"公共产品"，与此相反的"环境污染"则是一种"公共厌恶品"，两者都具有消费的非竞争性和非排他性等特征。环境质量没有或无法进行清晰的产权界定，"搭便车"行为便会自然产生。

在生态环境的供给和治理领域因外部性的存在，致使"市场失灵"问题比较突出。一般意义上，对于如基于区域环境质量的地方品质，这类正外部性的产量或供给水平，就会少于最优产量或最优供给水平。然

[①]　在此分析不考虑已被学界和政策界公认的关于企业生产对本企业厂址范围内的环境影响问题，因为这是一个企业内部的环境卫生问题。

而，对于环境污染这样可以扩散到别的区域的负外部性而言，其产量或供给水平则会多于最优产量。而涵盖环境公共事务的区域治理如何从单一行政边界治理走向多重边界治理，就需要在边界的"形成、范围、强弱、弹性、演化、耦合"等6个方面进行深入探索（锁利铭等，2021）。

跨行政区域的多个地方政府，面对产权不清晰、责任不明确的环境质量这类公共产品，就会存在生态环境需求和供给的不一致，加之各个地方在付出努力和收获利益上无法对等，造成只共享收益不付出成本的"搭便车"行为。区域涵盖的地方主体越多，区域环境收益被摊薄，如无激励相容和"有选择性的激励"的相关机制，则单个地方更无采取环境治理行动的动机和行为，进而使区域环境协同治理陷入困境。

4.3.2　个体理性与集体理性的偏离

在区域环境协同治理过程中，所涉及的各个地方行为主体，都从自身利益最大化的诉求出发采取理性的行动，如无规制和内在的激励，他们便会尽可能地分享区域环境质量带来的收益，而不承担环境治理的成本，由于存在地方个体付出与收益的不对等性，这些地方个体基于自身利益最大化的行为，就无法实现作为公共物品的区域环境质量保障的最大化目标。这种个体理性行动导致了集体的无理性结果，就是所谓的"集体行动的困境"，也即区域环境协同治理的困境。

在一个由多个地方政府构成的区域中，面对可以为除本区域外提供区域环境质量这一公共物品经常会产生供给不足，但多个主体经济增长过程中污染排放对区域环境容量的利用则会产生利用过度的"公地悲剧"问题。各单个区域出于本身理性的考虑对环境容量的利用，并不能确保增进区域共同体的利益。在区域环境的协同治理过程中，同样也存在集体行动的困境问题，如：大的地方政府或大城市要承担与其收益不成比例的代价（奥尔森，2015）。而从集体行动理论得到的启示是，相对于大的组织和构成规模而言，小的组织、较少的规模因付出和收益的份额比较均等，因此反而更可能采取最终有利于区域环境质量改善的集体行动。

4.3.3　政府间纵向委托代理与横向竞合博弈

从中央和地方政府、上下级政府的视角看，地方的环境治理，可以认为是中央（上级）政府作为委托者、地方（下级）政府作为代理者的针对环境公共事务所采取的行动，因此，地方间的区域环境协同治理，就会存在委托—代理关系中存在的信息前后不对称而产生的逆向选择、道德风险的问题，对于如何完成中央（上级）政府提出的环境目标的要求，便会存在利益冲突的情况。作为委托人的上级政府如何将设计的"最优契约"导入下级政府从而激励作为代理人的下级政府，这样的激励机制就成为区域环境协同治理行为和治理绩效的关键。当作为代理人的下级政府需要应对包含环境治理在内的多个治理目标，由于作为委托人的上级政府对于不同治理目标具有不同的监测手段和能力，下级政府更多时候偏向于实现易测度的指标目标，忽视不便、不易测量的指标目标。当从上而下的环境治理政策目标不够明晰具体时，下级政府便会倾向于选择性执行、策略性执行相关的国家环境政策，仅仅重点关注和应对那些容易感知和容易监督的环境问题。例如：空气污染中的 PM 2.5 在我国也是 2012 年后才被广泛的重视，因为雾霾污染的可感知程度高，在公众压力下 2012 年才出台新的空气质量监测标准并在部分地区开始监测并向社会公布。同理，下级政府对 PM 2.5 治理的重视，也与该污染物的可感知性、被纳入环境监测体系后的可度量性密切相关。与此同时，无论是经济增长还是环境保护，地方政府之间也存在一种既竞争又合作的关系，各个行为主体之间的复杂博弈，也会产生诸如"囚徒困境"等问题。关于不同区域在环境规制与经济增长的关系上，到底是环境友好型的双赢格局，还是环境伤害型的零和博弈呢？一项研究表明，地理相邻城市间同时存在"逐底竞争"和"逐顶竞争"，而经济相当城市间则表现为逐顶竞争，因此，前者形成以邻为壑、后者形成以邻为伴的增长模式（金刚等，2018）。这项研究也表明了各个地方之间在环境合作治理领域所存在的竞争、合作并存的复杂关系，而由此也会使区域环境协同治理陷入困境。

4.4　应对区域环境协同治理困境的一般策略

4.4.1　协同治理主体的多中心治理应对环境治理的复杂性

面临区域环境治理中存在的"市场失灵",政府介入才能应对。政府将环境治理作为公共服务(如环境质量报告和预报等)和公共设施(城市污水处理等污染处理处置设施的建设和运营的监督)予以承担,是履行政府责任的体现。然而,也存在"政府失灵"的问题。在生态规模限制下,将环境治理效率与稀缺的环境容量资源进行地区间的公平分配结合起来,而同时考虑"规模、效率和分配"的生态经济学的既有理论探索(戴利等,2014),提供了多元主体协同治理体系构建的逻辑前提。

由此,尽管大多数环境治理行为所追逐的环境质量,都可视为"公共产品"并以此进行协同治理上的基本选择,然而,环境容量是一种蕴含消费的非排他性但有竞争性等特征的"公共池塘产品",如区域环境的承载力在特定时空下,区域环境系统对经济扩张、人口增长等具有约束性和限制性,经济活动产生的各类废弃物的排放,会给环境系统带来压力,而其自然降解和消纳恢复能力和空间总是有限度的,在总量有限的前提下,一个地方排放得多意味着其他地方必须消减才能使总体环境质量不被恶化和破坏。如果区域环境治理体现为环境质量时，就按"公共产品"属性，政府无疑要承担主体责任。但如果区域环境治理体现为环境容量时，就按"公共池塘产品"属性，进行治理主体上的选择，基于此，以政府作为"元治理"的角色的基础上，改变以往政府唯一主体的格局进而向政府、企业、社会公众等相关利益者共同参与的多元共治格局转变，就成为应对区域环境合作困境的需要。

奥斯特罗姆提出了治理大都市地区的多中心系统的概念，她还研究了盐水入侵威胁长期使用可能性的问题（Ostrom，2010）。她认为解决复杂的公共池塘资源问题通常需要更高级别的国家行动，地方决策小组通常"嵌套"在较高级别的国家结构中，而更高的结构可以提供强制性和其他资源，以提高地方谈判的效率。国家在多中心系统中具有4个潜在的关键角色：一是威胁要在当地当事方无法达成谈判协议的情况下采取解决方案（"违反公共利益的惩罚"）；二是提供相对中立的信息来源，以减轻有关事实的自我服务偏见的问题；三是提供一个谈判场所，以促进低成本、可执行的协议；四是在实施阶段帮助监控合规性和制裁违规情况。所有这4个方面都是在"治理公地"中产生的。当今时代，我们还必须考虑全球环境治理问题，诸如全球变暖之类的问题要求我们建立国际机构来履行这些国家职能，同时保留灵活、扎实的本地知识和参与者的承诺，以促进合法有效的合作体系（Mansbridge，2014）。

因此，这就需要构建基于效率和平等的市场治理、基于权威和专业的科层治理、基于信任和契约的自主治理等所构成的整体网络化的综合治理体系，对于前两者，在政策实践和理论研究上已多有采用和论述，但后者需要引起更多关注。借鉴已有的理论，可以得出的启示有：关于区域环境的自主治理，要通过设立地方环境公共论坛、建立利益协调平台等方式建立区域间的矛盾冲突的化解机制，并在新制度供给、可信承诺、互相监督等 3 个关键问题上予以整体性的考虑（奥斯特罗姆，2012）。

4.4.2　政府干预与环境规制应对外部性和"市场失灵"

一般情况下，市场不能充分提供公共物品，但会过量地提供公共厌恶品。外部性引发的"市场失灵"，单凭市场本身的机制无法实现"环境容量资源"的优化配置，这就需要国家和政府力量的介入干预。

其一，从政府存在的价值和功能来说，在环境问题日益突出的现代社会，将良好的环境质量作为公共责任，政府进行无差别的供给和保障，是当今任何政府赢得民众支持和信任的基础，正如公序良法、抵抗外侵一样都是古今政府的基本职能。

其二，政府为了公共利益，因应不完全竞争、不完全信息、外部性的需要，采取各种措施对企业和个人的行为进行干预。在环境治理领域集中体现为外部性造成"市场失灵"，而政府通过环境管制以设法矫正，并保障社会福利的最大化。对于环境质量的公共产品，通过政府干预来矫正私人市场的无效性，如政府对环境基础设施的直接提供和公私合作生产等；对于环境污染的公共厌恶品，政府通过建章立制限制污染的产生水平，如制定和实施污染物的排放标准。

其三，国家的干预是立法、行政和司法的统一体系。通过环境规制法律的颁布和实施，对企业的选址和空间布局、污染排放限额等企业行为，以及个人的绿色产品消费、生活垃圾的弃置和分类等私人行为进行管治、引导。

其四，实施国家和区域相协调的环境质量标准体系。在整体国家环境质量控制的基础上，也为环境标准的地方差别保留空间，且地方环境质量标准至少不低于国家的基本要求。设定环境质量标准的"最佳"行政区域大小，主要取决于污染的状态，该行政区域的范围大小必须大到足以内在化主要的污染（鲍莫尔等，2003）。

其五，规定性环境管制，也即命令控制型，虽然对于排放和消减的污染数量更具确定性的优点，但也具有成本较高的不足，这就需要配合使用经济激励型的管制手段和方式。

4.4.3　明晰环境权益、创造污染交易市场并使治理成本内部化

为克服区域环境治理中存在的"市场失灵"，许多依靠市场机制本身的应对方法和措施不断地得到应用并理论化。

其一，给污染定价并由此衍生的环境损害与经济得益之间的权衡，就成为纠正市场失灵的基础前提。庇古（Pigou，1920）最早提出了后来以他名字命名的"庇古税"：向污染者征收排放费用以进行环境管制，征收额等于边际损失，才能达到"污染的最优水平"。根据科斯（Coase，1960）的研究，如果环境产权明晰且交易成本为零，环境治理就无须政府干预，而是由参与各方自行谈判并通过协商交易来解决，但是政府要通过制度来创造交易的市场，如设定排污权的可交易性。仅从效率的角度考虑，如果污染交易的权利不存在障碍，产权的初始分配不重要，但反之则是重要的。

其二，在政府强制性规制的基础上，一系列市场激励型的环境治理手段被引入。如排污收费、排污交易和环境责任制等为代表的手段的引入，可以部分克服"委托—代理"问题中存在的信息不对称的问题，把

污染控制的决策权赋予信息较充分的污染者一方，也能激发企业的技术创新，并在成本节约上具有优势，但设计和运行经济激励的机制也存在现实上的难度。基于价格管制的排污收费和基于数量管制的环境许可的选择，是排放的边际损失和边际节约之间的权衡，而混合型的管制手段也常被应用，一种数量管制为主，并配合少排放补贴、超排放罚款的方案被认为是社会损失较小的可行策略（科尔斯塔德，2016）。

其三，经济激励手段可以实现成本的内部化，使环境成本纳入经济主体的原有决策，进而改变其环境行为。排污收费、征税和排污许可证制度的引入，意在将污染控制成本内部化。排污交易制度旨在创造交易市场，实现各个经济主体和区域间的污染排放量的交易，从而达到"总量控制"下的整体区域环境质量目标。

其四，随着第三波环保浪潮的到来及环境责任被纳入企业社会责任，不因正负激励所致的自愿环保行动也应运而生。消费者、员工、投资者通过产品市场、劳动力市场和资本市场参与和影响企业的生产决策和行为，进而影响到其环境决策和行为，使"绿色环保"与企业形象、利润效益产生关联。其中也涉及企业与政府管制者之间的策略博弈，因此便产生了污染减排的自愿协议、自愿项目和企业的环保优先行动。

其五，无论是包含环保税收、排污收费、环保补贴等在内的"庇古手段"，还是包含讨价还价的相互协商、排污交易等在内的"科斯手段"，都是通过成本的内部化，改变企业的决策和行为，以求达到环境行为的私人成本和社会成本的统一，进而实现社会福利的最大化。

需要明晰的是，上述所分析归纳的内容，是在不同层级、领域和问题上应对区域环境协同治理困境的一般性策略，而各个策略各有侧重，各有特点，各有适应性，这些已有的理论和实践探索，为应对跨域环境问题提供了重要且有益的启示，但这些策略在整体性和系统性上仍然存在一些局限，这就需要构建一种融合治理主体、对象、工具和动力等因素在内的系统性"区域环境协同治理"去应对，同时也对协同治理的限度保持警醒。

4.5　本章小结

　　区域环境协同治理既面临着"政府失灵""市场失灵"的困境，也面临个体理性与集体行动偏离的"治理失灵"本身的难题。首先，本章概括总结了已有的理论和实证研究成果，揭示和识别了区域环境治理困境是中外存在的共有现象。其次，分析了区域环境协同治理面临的五大现实挑战：生态系统的完整性与人为管理的分割性、污染的无界性与管理的有界性、属地管理的限定性与跨界治理的延展性、经济效益的短期性与环境效益的长期性、政府更替的周期性及领导干部任期的年限性与环境治理过程的不一致性等。再次，从外部性与搭便车、个体理性与集体理性的偏离、政府间纵向委托代理与横向竞合博弈等 3 个层面深入追索了区域环境协同治理困境的理论缘由。最后，统筹考虑理论和现实，分析和总结了应对区域环境协同治理困境的一般策略：协同治理主体的多中心治理应对环境治理的复杂性，政府干预与环境规制应对外部性和"市场失灵"，明晰环境权益及创造污染交易市场并使治理成本内部化。

　　环境质量是一种区域间公共物品，环境污染是一种公共厌恶品，两者都具有消费的非竞争性和非排他性等特征。环境容量则是一种"公共池塘产品"，其具有消费的非排他性但有竞争性等特征。区域环境协同治理就是为围绕保障和／或改善区域环境质量的目的，不同行政区域的地方政府在中央政府的统摄下，调动企业和公众等各类主体的积极性，所采取的一系列环境治理的集体行动。市场不能充分提供环境质量这类公共物品，但会过量地提供公共厌恶品。外部性引发的"市场失灵"，单凭市场本身的机制无法实现"环境容量资源"的优化配置，这就需要国家和政府力量的介入干预。环境的干预主义重在发挥政府在环境公共品提供和区域环境协同治理方面的职能，而基于所有权的市场环境主义旨在明晰环境权益、创造污染交易市场并将污染治理成本内部化（库拉，2007），后来兴起的以自愿环保行动为代表的自主治理以建立区域环境协同治理的矛盾化解机制为目标，并对区域环境协同治理失灵问题予以回应。

第5章 我国环境协同治理的演进

　　制度背景是影响区域环境协同治理的关键变量之一。那么，中国的环境治理到底经历了怎样的演变过程，其阶段如何划分？治理主体有何变迁？有哪些治理类型？总体模式有何特点？演进的趋势如何？又遵循什么样的逻辑？对这几个问题的追溯和回答，将构成本章的主要内容。同时，这些问题为理解国家治理体系和能力提供了新的视角，也是审视环境协同治理困境的核心命题。因此，本章从中国环境治理演进的视角切入，试图分析我国环境治理的阶段划分、主体演变、治理类型、总体模式、趋势特点，并在此基础上，围绕环境协同治理问题进行相关的分析，揭示我国环境协同治理演进的基本逻辑。

5.1　我国环境治理演变的阶段划分

根据环境治理与经济增长的关系演变，进而判断环境治理在国家治理中的方位，并以环境治理体制重要改革的制度变迁为主要线索，本书对我国环境治理演变的阶段性特征进行梳理分析，试图在全面梳理中华人民共和国成立 70 多年环境治理历史的基础上，廓清环境治理的实践走向逻辑。

5.1.1　1949—1971 年：经济建设主导下的环境治理孕育阶段

中华人民共和国成立后，国家开启了工业化的序幕，以重工业为主的重大项目的布局建设和大规模的资源开发利用，奠定了国民经济发展的坚实基础。这一时期虽然也发生了如官厅水库等不是很严重的污染问题，但受当时"左倾"意识形态（如认为社会主义不存在环境问题）（曲格平，2000）和认识水平的限制，环境治理问题未能得到正视。这一时期国家对自然灾害的危害和防治、林业建设和保护工作比较重视，所以提出了治理大江大河的目标和任务，如治理黄河、淮河等。"人定胜天"的理念旨在发挥主观世界改造客观世界的能动性，但也因无视或忽视自然规律进而造成生态隐患。重大工业项目等生产力和经济的空间布局，更多是从国家战略安全、规避外部的世界风险、经济平衡、原材料和市场的邻近性等角度考虑，很少或基本没有考虑到项目布局和建设的环境影响、环境经济的协调等因素，因此，重大项目既有沿交通线布局的，也有沿大江大河布局的，而这样的布局原则一方面体现了区域经济学中"原材料指向性"和"市场指向性"的生产力布局和企业选址原则，另一方面也造成了后期甚至长期向河流排放污染物或污染物泄露的环境隐患，几十年后一些大江大河爆发的环境危害事件，可以溯源到当初规划布局的不合理。当然我们不能用现在的眼光苛责当初历史和时代本身的局限，但对此也需要有实事求是的客观认识，这样才符合历史唯物主义的辩证法。

这一时期，由于国民经济的大规模建设，虽然现实中已经有了不是很严重的环境问题，但是从整体国家政策和宏观认识层面对此没有足够清醒的认识，仅有关于治理河患等自然灾害、林业建设等问题的领导人零散指示、政策文件中的个别条款，没有专职的环境保护管理机构和专门的、成体系的环境规制法律。

5.1.2 1972—1991 年：建章立制、搭建环境治理框架的阶段

从 1972 年中国政府代表团参加在瑞典召开的首次人类环境会议开始，我国现代意义上的环境治理拉开了序幕。中国通过此次会议才充分认识到环境问题不分体制，即便是社会主义的我国也同样存在。由此从领导人指示、零散的政策条款、专门的环境管理机构建立、全国性的环保主题大会的召开、环境法治体系的搭建、环境基础设施的建设、环境

技术的研发、环境教育的开展等方面，进行了关于我国环境治理体系的制度框架搭建和初创阶段的探索工作。

　　1973 年和 1983 年分别召开了全国第一次、第二次环保会议，并在后者的大会上把保护环境确定并宣告为国家的基本国策。在环境监管的机构建设上，专门的环境监管机构经历了一个从无到有、从附属到独立的过程 ①，并发展为参与综合决策的国务院组成部门（见图 5.1），表明环保监管机构的政策话语权的不断提高。同时，中央政府其他部门设立了有关资源环境监管的内设机构，省级以下的地方政府也按照法律要求并仿照中央政府设立了环境监管机构，从中央到地方的各级政府、各部门共同构成了基本全面覆盖生态环境保护领域的监管格局。

图 5.1　国家环保主管机构的演变历程

　　《中华人民共和国环境保护法》是生态环保领域的基本法，于 1979 年开始试行，修订后的《环境保护法》于 1989 年正式通过并实施。与此同时，其他单项的环境要素控制和自然保护的法律法规不断出台，国家整体的环保法律体系也在不断构建和确立。

---

①　为避免叙述的重复和前后断裂，不同阶段具有延续性的事件，放在一起进行叙述，一般放在开始阶段，并不刻意按照阶段划分进行分阶段分析。其他部分的叙述都按此进行，不再一一注明。

5.1.3　1992—2011 年：点源控制向区域、流域治理扩展的阶段

1992 年，我国提出了建设社会主义市场经济的总体改革目标。此前一年，我国在北京协调了 41 个国家立场之后，形成《北京宣言》，于该年派员出席了联合国环境与发展大会，并与 77 国集团合作，共同提出立场文件和决议草案，我国通过居间协调和联系沟通工作，发挥了发展中大国对世界环境治理事务的突出作用。

之前我国主要针对工厂、企业进行点源控制的治理模式，虽然在减少污染物、达标排放等方面取得了积极成效，但也存在控制方式单一、难以有效应对点多面广的面源污染的蔓延问题。基于此，环境治理由点源控制向区域治理和流域治理进行扩展和延伸。

这一期间，为了遏制日益严重的污染蔓延，在"九五"期间首次开展了大范围的污染治理行动——"33211"工程①，这里涉及的"三江三湖"和"两控区"，都是跨行政区的，主要针对大气和水流动性较强的环境要素进行协同治理。重大污染治理行动进行了多区域环境治理合作的初步尝试，也取得了一些积极的治理成效，但这些集体行动更多的是国家环保部门主导下自上而下地对地方和企业的环保执法检查，督促执行环境排放标准，消减污染物，也未形成各个地方行政区域之间的环境合作治理的有效机制。

我国实行的属地责任体现了在辖区内的层层负责制特征，尽管保证了国家环境法律和政策的落实，但是对于跨区域、跨流域的环境问题，因环境问题本身的外溢性而使责任难以厘清，致使环境治理陷入了"治

① "33211"是指对"三河"（淮河、海河、辽河）、"三湖"（滇池、太湖、巢湖）；二氧化硫和酸雨控制区"两控区"；"一市"（北京市）、"一海"（渤海）的治理。

理失灵"的困境。为此，国家环保部门于 2002 年试点、2008 年在全国层面分别组建了华北、华东、华南、西北、西南、东北等 6 个区域环保督察中心，并于 2017 年由事业单位转变为派出行政机构，相应的名称变为 6 个区域环保督察局（环境保护部，2017）[①]，旨在解决跨区域污染调查和处理等协调问题，并把督查企业和督查政府相结合，以督促各个地方政府贯彻落实国家生态环境保护的法律和政策。但是，设立和运行的区域环保督察机构，从法律根据、所处位阶、协调权限等方面来说，并非真正意义上的区域治理和环境治理的协调机制。

5.1.4　2012 年至今：提升环境治理能力，纳入国家治理体系的阶段

在已有实践探索的基础上，我国不断完善环境治理体系，并推进环境治理能力的现代化。但也存在将环境治理与整体的国家治理结构分割、就环境治理论环境治理的不足，环境治理无法更好地衔接或融入特定时期整体的国家治理体系，甚至产生冲突。基于此，2012 年，我国开启了将环境治理体系纳入国家整理体系的新阶段。

2013 年，十八届三中全会通过的《中共中央关于全面深化改革若干重大问题的决定》提出了包括完善环境治理制度在内的生态文明制度体系的建设目标。2019 年十九届四中全会通过的《中共中央关于坚持和完善中国特色社会主义制度、推进国家治理体系和治理能力现代化若干重大问题的决定》进一步细化和深化了"坚持和完善生态文明制度体系"的战略部署和制度安排，并把"完善污染防治区域联动机制"和构建科

[①]　环境保护部. 环境保护部例行新闻发布会实录 [N]. 中国环境报，2017-11-24（002）.

学完备、系统有序的"生态环境治理体系"纳入国家整体治理体系中予以统筹安排，着力提高现代化的环境治理能力。

在环境法律体系的建设上，我国也经历了一个从无到有、逐步完善的过程。2014 年，我国全面修订了《环境保护法》并于 2015 年开始实施所谓"史上最严"的环保基本法。从法治体系上，目前我国已经形成了宪法、环保基本法、各要素法以及行政法规、部门规章和地方性法规、环境标准等各类各级实体法与程序法互为支撑的环境法律体系。

破旧立新、查漏补缺的生态环境治理领域的制度改革，改变了过去更多将环境治理作为单向度治理工具的现状，并将其纳入整体的国家治理体系中，在更为宏观的视野配置环境治理的资源、提升环境治理的效能。

以 2018 年组建新的生态环境保护部为标志（见图 5.1），国家提高了生态环保在全局工作中的位阶并整合了各部门的生态环境监管职能，通过环保督察制度、环保约谈制度和"党政同责""一岗双责"的组织设计和制度安排，并建立健全生态环境损害责任追究和资源环境审计制度，进而给地方党政领导传递压力，促使地方政府将生态环保工作纳入治理体系和能力建设现代化的格局中。通过环保机构监测监察执法垂直管理的改革，努力打破地方尤其是市县两级政府对环境治理工作的不当干预，提升地方环境治理的独立性和中立性。基于主体功能区差异化的政绩考核，着力引导各地形成各有特色、各有侧重的发展格局，淡化和弱化生态功能区的经济指标，强化和突出生态环境、民生改善和公共服务的绩效考核。

当然，面向未来，基于法治化、专业化的环境治理的长效机制、协调机制等尚待在实践中继续探索完善。一系列体制改革及功能的优化，还需着力推进，如：通过设置跨地区的环保协调机构和构建跨区域的污染联防联控机制，着力解决跨区域的环境问题并探索建立持续长久的机制等。

5.2 我国环境治理主体的演变

本部分立足于我国环境治理的演变实际，从治理主体作用发挥的角度出发，进而总结和归纳我国环境治理演变的基本趋势和演变特征。

5.2.1 一元政府

从阶段上看，基本上，1972—1991 年，为政府独立主导的环境治理阶段。也即意味着，政府（包括中央和地方两级政府，起主导作用的是中央政府，地方政府更多根据国家整体的制度安排进行基于本辖区的贯彻落实工作）通过政策宣示（如把环保作为国家的基本国策）、综合性的经济社会发展规划和专项性的生态环境类规划的制定和实施、生态环境类法律制定和执行、建立健全监管机构等方式实施对环境资源的保护和调节。与一元政府治理主体相对应，治理手段主要以命令控制型为主。如这一时期建立起来的"八项环境管理制度"[①]，便构建了中国环境治理的基本制度框架，并延续至今，其间也根据社会经济发展的需要和环境形势的变化而进行了调整、充实、完善等。

---

① "八项环境管理制度"包括"老三项"制度，即排污收费、环境影响评价、"三同时"；"新五项"制度，即环境保护目标责任制、污染集中控制、限期治理、排污许可证、城市环境综合整治和定量考核。

5.2.2　政府、市场二元并立

自 1978 年改革开放，经过十几年的市场发育和区域开放的探索后，1992 年，国家明确提出了建立市场经济体制的目标，并提出在资源配置中要使"市场起基础性作用"，之后国家推出了如财税、金融等一系列影响至今的大力度改革措施。我国政府在 1992 年参加了里约联合国环境与发展大会的两年后，在世界上率先制定了《中国 21 世纪议程》，并提出了可持续发展战略。环境质量和环境容量作为公共产品，政府无疑是最主要的供给主体，但在环境治理的某些领域开始逐步引入市场机制，以政府和企业合作的方式，筹集治理资金、降低治理成本、提高治理效率，如一些城市污水处理厂的建设和运行所推行的 BOT（Build–Operate–Transfer）模式便是如此。从治理主体的角度分析，引入市场的力量打破了政府一元主体的原有格局，进入了政府和市场二元并立的阶段。2013 年，国家进一步提出在资源配置中要发挥"市场的决定性作用"，并"更好发挥政府作用"的改革目标，凸显了市场主体的作用，政府市场二元主体共同作用的顶层设计更为清晰，在环境治理领域也是如此。

大体而言，从阶段上看，1992—2011 年，为政府、市场二元并立的阶段。在此期间，随着环境问题的不断加剧，国家采取多种措施予以应对。在国家环保主管机构建设上，1998 年，国家环境保护局升格为总局，成为国务院直属机构。2008 年，又升格为环境保护部，成为国务院组成部门（见图 5.1）。环保部门在政府的位阶提高，话语权和决策权提升，地方性的环境机构也从省、市向县乃至乡镇层面延伸，基本建立了分级分区负责的监管网络。与政府、市场二元并立的治理主体相对应，治理手段由命令控制为主向命令控制、经济激励等手段相结合的方向转变，如在排污收费制之后排污交易制的推行、生态补偿的试点和推广等，丰富了中国环境治理的手段体系，某种程度上克服了单纯命令控制型手段存在的灵活性和应变性不足、管理成本较高等问题，增强了应对日益严重的环境问题的应变能力。

5.2.3　政府、市场、社会多元主体的发育和发展

环境治理领域除政府作用以外，市场的力量不断培育并发展壮大，但一直以来，因种种原因，基于自组织的社会主体作用发挥受限。随着市场化水平和对外开放水平的提高，政府对社会管理观念的转变，对社会组织的管治有所放松并同时予以规范化的规制，逐步将社会力量纳入整个治理体系并使之发挥相应的环境宣传教育、专业的环境工程治理、第三方委托监管等功能，由此，并逐步形成政府、市场、社会等多元主体共同发力的环境治理体系和治理格局。

基本上，从阶段上看，2012 年之后，为多元主体共存的环境治理阶段。2013 年，全国人大通过的《国务院机构改革和职能转变方案》中提出了"改革社会组织管理制度"的目标和设计，对于重点培育和优先发展的 4 类社会组织①，无须挂靠依托单位即可直接登记，而以往则需要主管单位的审查同意才能成立运行。放宽社会组织登记注册的门槛，有利于包括环境保护在内的社会组织的进一步发育壮大。2014 年修订并于2015 年施行的生态环保领域的基本法——新《环境保护法》，对环境公益诉讼做出了明确规定。此后，也有多起针对环境损害提出公益诉讼的案件，这些案件反映了社会组织对环境公共事务的积极参与。社会力

---

① 具体指：行业协会商会类、科技类、公益慈善类、城乡社区服务类等。

量的发展壮大，形成了多元主体共同参与的环境治理格局。2018 年，针对管理职能的划分，新组建了生态环境部等国家层面的监管机构（见图 5.1），随之地方也相应地进行了环保机构的改革和重组。在治理手段上，原有的命令控制和经济激励手段体系不断丰富，排污交易的试点和推进，历经 10 年立法实践的"环境保护税法"终于在 2016 年审议通过，并于 2018 年开始施行。与此同时，一些鼓励自愿型的手段开始发挥更大的作用，如环境信息公开、自愿性环境协议、公众参与等也在不断深入推进。

随着时间的推移，我国社会组织的数量不断增长，在环境治理中的作用不断增强。1992 年，我国共有社会组织 15.5 万个，而 2018 年达到 81.7 万个，是 1992 年的 5.27 倍（见图 5.2）。

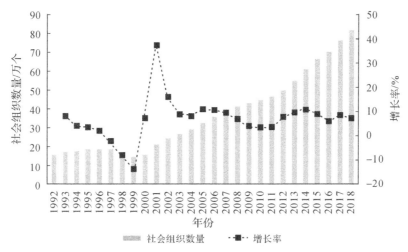

图 5.2　1992—2018 年我国社会组织的发展状况

与此同时，生态环境类的社会组织也在蓬勃发展，并在环境科普、环境调查、公益诉讼、公众教育等方面发挥着越来越重要的作用。从环保社会组织的数量上分析，据可获得的数据显示（见表 5.1），2007—2017 年，生态环境类的社团从 5330 个增长到 6000 个，增幅达 12.57%，最高数量为 2015 年的 7000 个；同期生态环境类的民办非企业从 345 个增长到 501 个，增幅达 45.22%，最高数量为 2010 年的 1070 个。但从生态环境类社会组织在所在社会组织的比重来看，2007—2017 年，生态环境类的社团占所有社团的比重从 2.514% 降低到 1.690%，最高比重为 2008 年的 2.920%；同期，生态环境类的民办非企业占所有民办非企业的比重从 0.198% 降低到 0.125%，最高比重为 2009 年的 0.552%（见图 5.3）。由此说明，环保类社会组织虽然在纵向发展，但增速不如其他社会类组织，其作用的发挥还尚待充分释放。影响较大的环保组织如自然之友、地球村、公众与环境研究中心等，在环境信息公开、表达诉求、环境监督等方面起到了积极影响，但尚需继续寻求与政府、企业合作治理的有效途径和长效机制。

表 5.1　我国 2007—2017 年生态环境类社会组织的发展情况

年份	生态环境类社团 / 个	生态环境类社团增速 / %	生态环境类社团的比重 / %	生态环境类民办非企业 / 个	生态环境类民办非企业的增速 / %	生态环境类民办非企业的比重 / %
2007	5330		2.514	345		0.198
2008	6716	26.00	2.920	908	163.19	0.499
2009	6702	−0.21	2.804	1049	15.53	0.552
2010	6961	3.86	2.841	1070	2.00	0.540
2011	6999	0.55	2.745	846	−20.93	0.415
2012	6816	−2.61	2.515	1065	25.89	0.473
2013	6636	−2.64	2.296	377	−64.60	0.148
2014	6964	4.94	2.246	398	5.57	0.136
2015	7000	0.52	2.128	433	8.79	0.132
2016	6000	−14.29	1.786	444	2.54	0.123
2017	6000	0.00	1.690	501	12.84	0.125

资料来源：根据历年的《民政事业发展统计公报》整理计算。

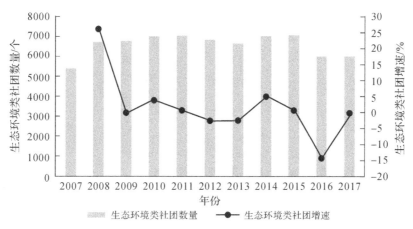

图 5.3　1992—2018 年我国生态环境类社会组织的发展状况

总而言之，由上述的分析可以看出，从环境治理主体变迁的视角看，我国环境治理演进的基本趋势和演变特征为：从政府控制的一元主体，演化发展为市场力量壮大后的政府、市场二元并立，并进一步形成了"政府、市场、社会"共治的特点，但至今政府在其中起着主导和关键作用（见图 5.4）。这样的演变，与国家整体的改革进程密切相关，也将在深化改革中，进一步完善多主体参与的机制，尤其是在界定政府、市场和社会各自治理边界、完善公众参与机制等方面，尚待继续优化。

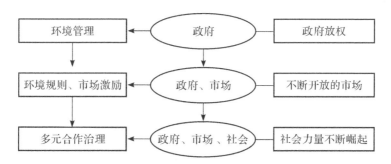

图 5.4　我国环境治理主体的演进趋势

5.3 我国区域环境协同治理的类型

依据地方政府的权限级别或者自主程度，我国区域环境协同治理的类型大体可以划分为四大类型：嵌入式合作制、约束性契约制、委托性授权制、权威性强制制，依次而言，地方政府的自主程度越来越小，或者意味着，其权限级别越来越受外部力量的影响（蔡岚，2019）。表5.2总结和梳理了我国区域环境协同治理的4种类型的突出特点、主要途径、具体示例。具体采用哪种类型的治理形态，取决于区域环境问题和集体行动问题解决的需要、已有治理结构、协同风险、预期收益和制度性交易成本等因素，在一定情况下，也会随着上述因素的变化而发生转化，而在我国的环境治理实践中存在这4种治理类型交互重叠的情况。

5.3.1 嵌入式合作制

这是一种区域主体的自主程度很高，但相互间的联系很松散的、非正式的、自愿性的协同治理类型，通过建立和形成的联系网络来协调区域间的环境公共事务，一般建立在达成合作共识、已有合作历史并具有信任基础的区域之间，利用社会资本进而降低制度性的交易成本，努力缓解相对简单的环境污染外部性问题和集体行动的困境。

5.3.2　约束性契约制

这是一种两个及以上区域主体之间的自主程度较高，相互间的联系相对紧密、正式化的、自愿性的协同治理类型，一般以签订有约束力的法律合同确定各个主体关于环境治理的权利和义务，依靠约束性的区域合作协议降低合作的不确定性，以应对较为复杂的、多重的环境污染外部性问题和集体行动的困境。

5.3.3　委托性授权制

这种治理类型的实质是区域治理主体各自让渡自身的部分权力，形成跨区域协同治理的组织，并依靠已有的政府层级体系，共同采取应对环境污染外部性和集体行动问题的协同行动，同样以区域主体的自愿性为前提，但共同组成的协同治理组织对其具有提供资源、导入激励和施加惩治等综合功能。

5.3.4　权威性强制制

不同于上述 3 种自愿性的治理类型，这是一种区域主体间通过上级、外部权威力量的介入，以强制性来促使区域主体进行环境协同治理，进而应对区域碎片化问题的类型，具有交易成本高、灵活性不够、长效运行难，但确定性强、执行力高、短期见效快等特点（见表5.2）。

表 5.2 我国区域环境协同治理的 4 种类型

治理类型	突出特点	主要途径	具体示例
嵌入式合作制	松散化、网络化联系；自愿性；非正式性	环境合作倡议	2004 年 6 月，沪、苏、浙三地《长江三角洲区域环境合作倡议书》
		环境合作声明	2002 年 4 月，粤港两地形成《改善珠江三角洲地区空气质素的联合声明（2002—2010）》
		（环境）合作论坛	2020 年 11 月，在昆明举行的泛珠三角区域环保产业合作发展论坛
		环境合作协议（非约束性）	2013 年 6 月，《粤澳环保合作框架协议》；2008 年，苏、浙、沪三地环保局签署的《长江三角洲地区环境保护合作协议（2009—2010 年）》；2005 年 1 月，9+2 环保部门签署的《泛珠三角区域环境保护合作协议》
		工作小组	1990 年粤港两地成立的"粤港环境保护联络小组"
		专题、专责小组	1999 年粤港"持续发展与环保合作小组"下设的 8 个专题小组
		联合环境监测	2005 年 11 月，建立香港、珠江三角洲区域空气监控网络，并于 2014 年 9 月建立粤港澳区域空气监控网络
约束性契约制	治理主体签订有约束力的法律合同；正式性；自愿性	府际/部省等合作协议（约束性、资源配套、协议到计划等是成系列的）	粤港两地《珠江三角洲地区空气质量管理计划（2002—2010 年）》、《空气质素管理计划（2012—2020 年）》
		地方间的区域性规划	广东省人民政府办公厅印发的《珠江三角洲环境保护一体化规划（2009—2020 年）》

续表

治理类型	突出特点	主要途径	具体示例
委托性授权制	实质是治理主体各自让渡自身的部分权力，形成跨区域协同组织，并结合已有的层级体系，共同应对集体行动问题；自愿性	府际/部省联席会议（无更高级别权威力量的介入、地位相对平等）	京津冀区域大气合作治理的协作小组（京津冀及相关部委组成）
		上级政府发布的区域性规划（国家战略）	2015 年 12 月由国家发改委印发的《京津冀协同发展生态环境保护规划》
		临时性或常设性区域管理机构	环保部 6 个区域环保督察局（原督查中心）
权威性强制制	上级、外部权威力量的介入；强制性	部省、府际联席会议（有更高级别权威力量的介入）	2018 年 9 月，京津冀区域大气合作治理的领导小组（国务院副总理任组长）；2008 年，分管环保的副省长牵头建立的广东省大气污染防治联席会议制度
		针对省级政府的中央督查组（综合性），中央环保督查组（专项性）以及针对地市政府以下的省督察组；环保约谈	目前已开展了二轮中央环保督查以及各省对地市政府的督查等；由国家环保部门代表的中央政府对省级及以下政府、企业的约谈，以及由省级环保部门代表的省级政府对地市州县以下政府的约谈等
		区域合并	2019 年 1 月，山东省的莱芜市划归济南市

5.4　我国总体的环境治理模式及其特点

经过 70 多年尤其是自 1972 年后 50 年来的实践探索，我国已经形成了一套完整和系统的环境治理的制度体系，而环境治理模式从属于整个国家的治理体系，也受国家治理结构和特征的制约和影响。

5.4.1　我国总体的环境治理模式

从历史视野和实践视野相结合的角度分析，我国总体的环境治理模式可以概括为：中国共产党领导下由政府主导，将生态文明纳入国家治理体系，以鲜明目标为号召，依靠强大的组织动员系统，通过战役化、运动化、任务化的治理行动，着力回应不同时期环境公共事务治理的需要（见图 5.5）。

这一模式由一系列内在的要素构成并互为支撑，已有呈现出来且在未来一段时间可能继续稳定发挥作用的构成要件主要有：中央和地方政府在综合性的国民经济和社会发展规划中，从理念倡导到硬性约束、从政策宣示到具体指标等方面纳入了生态环境治理的目标和要求。各级地方政府通过对各自行政管辖区域环境质量的负责制度进而承担环境治理的属地治理责任，强化辖区所在地政府的生态环保责任。将生态环境保护纳入政绩考核体系，依靠"党政同责、一岗双责"促使党政领导干部合力并行，通过中央生态环境保护督察制度向下层层传递压力，督促地方落实区域环境治理的相关法律法规，用"环保一票否决制"的底线约束和激励政治锦标赛的领导干部晋升，将约束和激励结合起来，既施加压力又提供动力，进而完成环境治理的目标。

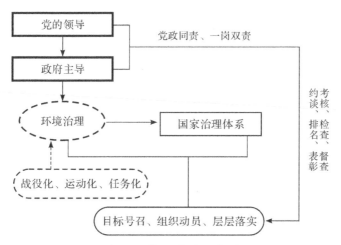

图 5.5　我国总体环境治理模式的框架

回顾 70 多年的演进历程可以发现，我国环境治理体系从前期的孕育到后期的建立健全，国家治理体系从松散联系走向紧密关联。而这样的演变过程中，始终围绕着"国家一统体制与有效治理"之间的张力，因此，衍生出诸如"运动型治理"等应对机制进行"纠偏"（见表 5.3）（周雪光，2017）。环境治理体制改革演变中关于中央、地方政府"条块"关系的调整和省级以下的垂直改革，旨在应对逐级代理形成的信息失真、监管困难及地方的合谋等不足。

表5.3 国家治理的制度逻辑框架

一统体制与有效治理间矛盾	→应对机制	→衍生后果
制度机制		
组织制度、观念制度	决策与执行的松散关联	失控与纠偏
←→解决问题能力	政教的礼仪化	放权与集权
	运动型治理机制	
现象表征		
组织失败	变通—正式制度的非正式运作	法治化的限度
信仰危机	共谋—松散关系的制度逻辑	科层制发展的限度
	运动型政府	专业化发展的限度

资料来源：周雪光.中国国家治理的制度逻辑：一个组织学研究 [M].北京：生活·读书·新知三联书店，2017:12.

在整体偏重发展主义的强激励下，领导干部晋升的"政治锦标赛"[①]以辖区内的经济增长为主要考核指标（周黎安，2017：161–186），降低环境门槛和（或）提供环境影响评价绿色通道进行招商引资的情况同时存在，环境"逐底竞争"行为和环境"污染避难所"效应或"污染天堂"效应的存在便是明证（王艳丽等，2016；余东华等，2019），环境规制弱化引致的环境要素的低成本和劳动、土地的低成本一起构成一些地区的所谓"竞争优势"。然而，激烈的区域竞争加剧了资源利用和环境压力，因应生态文明建设的需要，"环保一票否决制""环保约谈""环保督察"等制度的引入，改变了地方政府和领导干部的政绩考评体系，将环境治

[①] 需要说明的是，也有学者对此提出了质疑，如陶然和苏福兵（2021）的文献就质疑经济学界的"地方官员晋升锦标赛论"和"经济分权论"，认为中国当前的增长模式可以总结为：在一个党政集权的经济管理体制下，形成了民营企业在下游制造业的"一类市场化竞争"，中央和地方政府卷入的国际、国内"两层逐底式竞争"，以及国企在上游部门，国有银行在金融行业，地方政府在商住用地出让上的"三领域行政性垄断"。详见：陶然，苏福兵.经济增长的"中国模式"：两个备择理论假说和一个系统性分析框架 [J].比较，2021（3）.

理目标进一步纳入多目标、多任务的施政体系，政绩考核中降低经济权重并提高环境、民生等权重成为改革的趋势，环境治理成为确保底线中的约束要求。

与经济增长指标的"层层加码"（周黎安，2017：209）形成鲜明对比的是，环境目标指标更趋保守。对 31 个省份"十三五"规划的统计表明：除环保投入、空气质量优良率和天数等指标之外，一些省份尤其是发达地区根据本省已有基础、经济发展阶段等提出了超出国家的规划目标（如广东等），但是在单位 GDP 的碳减排、能耗、主要污染物的下降率及 PM 2.5 的浓度降低控制等指标上，所有的省份只是提出"控制在国家下达的指标内"（如京津冀三地等）或"完成国家下达分解目标任务"（如山东、福建、甘肃等）而已。这种情况固然与核心环境指标的完成由国家统一分解的机制有关，但也同时说明：核心的、与经济产出效率相关且纳入考核体系的环保目标指标尤其是国家"十三五"规划中列出的节能减耗、污染物减排等指标，不像经济增长指标，在地方政府不存在"层层加码"的现象，这固然反映出地方在经济增长与环境治理之间抉择时的"理性"，毕竟环境指标更多地表现为投入、见效相对较慢，与经济的强激励相对，环境更多的是一种保持底线的要求而已，过高的实现目标，意味着实现难度的大幅增加，即使通过超常努力实现，对于政治晋升未必像经济指标那样更具可见性和诱导性。

另外，环保政策执行中存在"层层加码""级级提速"现象，以至于需要环保部专门发文①、环保部部长等主管领导多次的政策宣示、公

---

① 《关于生态环境领域进一步深化"放管服"改革，推动经济高质量发展的指导意见》（环规财〔2018〕86 号）提及：坚决反对"一刀切"，严格禁止"一律关停""先停再说"等敷衍应对做法，禁止层层加码，避免级级提速。

开喊话予以制止和纠正。出现这种反差也不难解释，一方面，地方政府在激励约束下，在事关需要真金白银投入、动真格的节能降耗和污染减排的约束性指标上，不会马虎以对，否则只会更为被动；另一方面，执行环节的大动干戈、大力造势既体现了"运动型治理"的表象，也通过关停企业、媒体大肆宣扬等"环保执行的礼仪化"来体现作为（无论是否真正作为），从而向上级表明执行的决心和态度，至于是否取得实质的减排效果并非主要考虑，而造成企业和民众的反抗以致引发舆情反弹则是非预期的结果。在一定限度内，不至于受到上级的实质追责。但是如果不通过声势浩大的"环保礼仪化"去表现作为，则更有可能受到不与上级保持一致的非议，而后者是地方领导干部承担不起的。

"战役化、运动化、任务化"的环境治理模式，虽然具有高效的动员性，也能在短期内取得较为明显的治理成效，但也存在治理成本高企、长效机制难以维持等不足，而法治化、专业化的改革有效嵌入整体的国家治理体系，从而推进常规治理机制的建设，是未来需要持续改进的方向。这就需要政府职能的进一步转变：掌舵而非划桨，由发展型政府向公共服务型政府转变。在此基础上，需探索建立激励相容的现代化环境治理制度体系。

5.4.2　我国环境治理模式的特点

（1）将环境治理纳入综合性的经济社会发展规划并实施环境治理相关的专项规划，通过系列性的制度安排予以保障实施

从 1953 年以来，我国已经制定了 14 个"五年规划（计划）"，这一制度是我国比较独特的国家治理特征，并已经形成了涵盖保障、配置、激励、抓手等具体要素的实施机制（姜佳莹等，2017）。将环境治理纳入国民经济和社会发展规划（计划），也经历了一个从无到有、从理念倡导到具体行动、从目标宣示到指标考核、从约束为主到激励约束并重的发展历程。与此同时，也制定了生态环境保护规划、国土空间规划等相关的专项规划，并通过这些规划的实施和管理予以推进环境治理的各项目标。

根据可查询到的资料分析，从"六五"开始，有关环境治理的内容被纳入国家经济计划，其后的"七五"至"九五"期间，环境治理的内容和比重不断增多、从定性规定到定量指标，一方面体现出环境形势的严峻性，另一方面也显示出环境治理在国家治理体系中的重要性日益凸显（见图 5.6）。

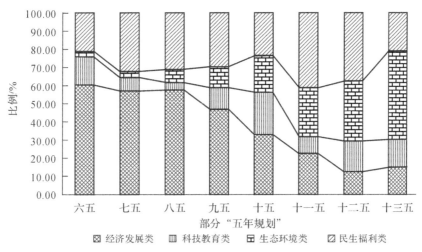

图 5.6　国家"五年规划"指标结构的演变

"十五"计划中设置了二氧化硫和化学需氧量排放总量各下降 10% 的目标，但是这两项减排指标都未能实现，化学需氧量的实际排放量比目标值低 7.9 个百分点，而二氧化硫不降反升，增加高达 27.8%，这一情况促使国家对节能减排指标的目标可达性予以更大力度的重视。因此，从"十一五"到"十三五"有关环境保护的指标成为约束性指标，并通过各个地方政府的分解考核予以落实，这3个"五年规划"时期的环境指标除了5年累计的"单位GDP能耗下降"未能完成，其他各项指标都实现了预期的目标。各个"五年规划"时期根据国家整体的环境保护形势和需要，对设置的环境指标类型进行调整，显示出了环境治理目标的约束性越来越大、治理指标的精细化和针对性越来越高的趋势。"十四五"规划除了继续设置节能减排目标外，还新增了"碳达峰"和"碳中和"的目标，这将为整体社会经济的低碳转型和环境治理提出新的命题、新的要求和新的机遇（见表5.4）。

从国家层面的规划指标数目构成和演变看，"六五"至"十三五"期间，经济发展作为中心工作一直受到高度重视，但随着时间的演变，其比例从60.7%降为15.25%，生态环境类指标由3%提高到48.5%；"十三五"规划中，16个生态环境类指标的性质全部是约束性的，占全部约束性指标总数的84.21%（见图5.6）；"十四五"规划中，5个生态环境类指标的性质也全部是约束性的，占全部约束性指标总数的62.5%。

从地方综合性的社会经济规划分析，"十五"至"十三五"期间，经济发展指标的比重经历了一个先升后降再升的过程，分别为：23%、32%、22%、25%；生态环境类指标的比重则经历了一个先升后降的过程，分别为：28%、29%、40%、24%（见图5.7）。由此反映出国家和地方的不同步性。当然，这种情况的出现，与中国各地社会经济发展程度、资源环境禀赋等差异巨大的现实有关。

表 5.4　我国"五年规划"中环境指标的设定目标和实现情况

一级指标	二级指标	"十五"计划(2000—2005)		"十一五"规划(2006—2010)(约束性)		"十二五"规划(2010—2015)(约束性)		"十三五"规划(2015—2020)(约束性)		"十四五"规划(2020—2025)(约束性)
		计划目标	实现情况	规划目标	实现情况	规划目标	实现情况	规划目标	实现情况	规划目标
单位产出能耗	单位 GDP 能耗下降 /%，5 年累计			20	19.2，未完成	16	18.2	15	13.2(注*)	13.5
单位产出碳排放	单位 GDP 二氧化碳排放降低 /%，5 年累计			17 同比下降	16	17	20	18	18.8	18
碳排放放总量	二氧化碳排放总量							2030 碳达峰		2030 前碳达峰 2060 年前碳中和
主要污染物排放总量减少 /%	二氧化硫	10	+27.8、未完成	10	14.29	8	18	15	22.5	8
	化学需氧量	10	2.1、未完成	10	12.45	8	12.9	10	11.5	8
	氨氮					10	13	10	11.9	8
	氮氧化物					10	18.6	15	16.3	10 以上
	挥发性有机物									10 以上

续表

指标级别	指标级别	"十五"计划（2000—2005）	"十一五"规划（2006—2010）（约束性）	"十二五"规划（2010—2015）（约束性）	"十三五"规划（2015—2020）（约束性）	"十四五"规划（2020—2025）（约束性）
空气质量	地级以上城市空气质量优良天数比率/%				76.7（2015）→>80（2020）　87	87.5
	细颗粒物（PM 2.5）地级及以上城市浓度下降/%				5年累计18　28.8	10
地表水质量	达到或好于Ⅲ类水体比例/%				66（2015）→>70（2020）　83.4	85
	劣Ⅴ类水体比例/%				9.7（2015）→<5（2020）　0.6	基本消除

资料来源："十五"到"十三五"的资料根据相关"五年规划"（计划）纲要和环境状况公报进行整理计算，"十四五"的资料根据其和2035年远景目标纲要整理。空格为没有设置相关指标。

注 *："十三五"期间，其中2016—2019年单位GDP能耗累计降低13.1%，2020年比上年下降0.1%，2020年受新冠肺炎疫情等因素影响，经济减速较大，而能耗降速不够大，致使五年间的单位产出能耗目标未能完全实现。来源于：《迈向高质量发展》编写组.迈向高质量发展——"十三五"社会经济发展成就报告[M].北京：中国统计出版社，2021.

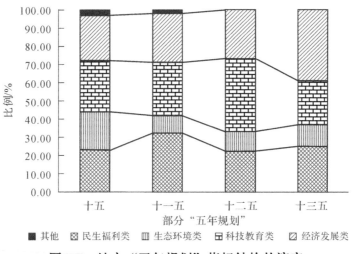

图 5.7　地方"五年规划"指标结构的演变

（2）基于中央地方关系的政府内部"条块"力量的变迁，不断探求绿色发展的适宜路径

　　地方政府与中央政府既具有施政目标上的一致性，也具有实施路径上的差异性。在环境治理领域，发展主义主导下如何摆放环境治理的地位，一直都是一个难题。在代表中央政府的国家环保部门作为"条条"的力量和地方政府"块块"的力量之间的博弈和耦合的历史变迁中，不断进行绿色发展的艰辛探索。与国家环境监管机构成立和发展的顺序相一致，地方各级政府相应建立了各自的环境监管机构，早期地方环境治理主要在国家环保部门业务指导下，以地方治理为主，而地方环保机构在经费划拨、人事任命、机构设置等方面全面接受地方政府的领导和支配，在 GDP 考核事关地方领导干部晋升的"政治锦标赛"机制下，地理相邻和经济权重相当的地方竞争日趋激烈，环境影响评价等环境治理手段在某种程度上，变为地方发展主义的工具，招商引资等投资驱动发展模式下，因地方环保机构的从属地位，地方环境治理只能让位于经济增长。

然而，随着中央政府发展理念的转变，由"科学发展观"到新发展理念中的"绿色发展"，再到"高质量发展"，加之资源环境的约束日益趋紧，现实中又暴露出种种不顾长远发展只顾短期增长所引发的诸多环境群体性事件，基于此，生态环境领域的垂直化改革被提上日程。一方面，国家环保部门在中央政府中的话语权和决策权随着体制改革而得到提升；另一方面，为克服地方干预，通过省级的财政保障和人事任命，在环境监测、环境监察等领域推行省以下的垂直改革，并将地级市环保部门纳入省级环保部门为主的管理机制。始于2016年试点、完成于2020年的省级以下环保机构监测监察执法垂直管理制度改革，便是中央与地方政府关系、经济发展与环境保护关系演进的产物，旨在打破地方保护主义，以适应高质量发展的需要。当然，这项改革也与主体功能区差异化考核体系、国土空间的成长管理等制度相互支撑。

（3）治理行动中"战役化、运动化、任务化"特征明显，而常态化治理机制尚待健全和完善

从2005—2007年的以环评为代表的"环保风暴"到"十三五"期间的打赢"污染防治战"，无论其名称还是其实质的运行过程和机制，都呈现"战役化、运动化、任务化"的特征。以污染防治攻坚战为例进行分析，其主要特征有：把污染防治作为攻坚战进行国家层面的动员和部署，围绕一个时期的关键环境问题展开（如水、气、土三大行动计划，"3个10条"），通过自上而下发动并调动各个行政部门的资源，以及通过新闻媒体宣传造势等途径集中社会注意力，制定和实施防治污染的规划、检查评比、总结奖惩，使防治任务切入官僚层级体系并予以强力推动。也通过考核指标化和目标数量化，将环境治理的内容具体化为政府和领导干部的工作任务。

　　"战役化、运动化、任务化"的环境治理模式，短期治理成效虽然较为明显，尤其是对那些可测度和纳入考核的指标见效较快，但不可避免地存在因信息不对称、激励不相容等造成的形式主义、极端化（如为了完成节能减排任务出现的断水断电现象）、一刀切等问题。该模式的形成，有其复杂的历史社会原因，但从治理现代化的角度看，未来将有一个向以法治化、规则化、专业性为特征的常态化治理模式转型的过程。毕竟，现代环境治理是国家治理相伴的一项专业性、持续性的工作，这就需要在已有层级体系的基础上探索如何构建相应的治理机制，并使之与整体的国家治理体系相融合。

5.5 我国环境治理演进的基本逻辑

本部分回顾中华人民共和国成立 70 多年以来我国环境治理的发展历程和历史变革，在纵向对比的基础上，结合不同国家间以及环境治理与其他治理进行横向比较分析，在把握我国环境治理演变的趋势性特点的基础上，进而揭示我国环境治理演变的基本逻辑。

5.5.1 不断满足人民对优质环境的需要

从中国共产党执政理念和环境治理的根本落脚点的线索考察可以发现，我国环境治理的演变万变不离其宗的逻辑是不断满足人民对优质环境的需要。

1949 年以来相当长的时期，除了"文化大革命"的特殊时期，现代化和经济增长一直都是国家的核心追求，各个时期的具有巨大号召力且影响深远的政策目标就是其集中体现。改革开放前的"人定胜天"更多强调改造自然的一面、"四个现代化"（内涵尽管随时期也有变化）到改革开放后的"以经济建设为中心"（1978 年首次提出）、"发展才是硬道理"（1992 年首次提出）、"发展是第一要务"（2002 年首次提出）等，都折射出国家目标的聚焦点。这些政策目标的提出和变迁，有其历史必然性和现实急迫性。无论中华人民共和国成立之初的巩固政权、夯实基础，还是后来的改善民生、提供公共服务，发展经济都是中国共产党"为人民服务"宗旨和"人民政府"基本职能的基本追求和重要体现。

随着环境问题的爆发、认识的深化，生态环境保护和系统治理才被提上日程，并予以不断推进和加强。从一开始把环境治理纳入政府工作的内容，到通过环境治理的工具如环境影响评价等优化经济增长方式，再到环境保护与经济增长并重甚至生态优先，无不体现在经济增长与环境保护的矛盾交织中，关于国家发展走向的探索和演进。这些探索和变迁都是以满足人民对美好生活的重要构成——优质的环境质量——的需要为归宿的。从执政理念和发展观提出、延续和变迁的线索上探析，从"科学发展观"（2003年首次提出）的提出，到"生态文明"（2007年首次提出），再到后来的"生态文明建设"（2012年首次提出）、"美丽中国"（2012年首次提出）的提出，这些执政理念和发展观，是在更为宏大的视野考虑包括环境治理在内的生态文明建设的问题，且将环境治理以"生态文明建设"的高度提升到总体国家发展格局中去统筹安排和综合协调，其后，又提出了包括绿色发展、共享发展在内的"新发展理念"（2015年首次提出）、包括"绿色成为普遍形态"和"共享成为根本目的"在内的"高质量发展"（2017年首次提出）。这些治国理政方针的提出和实施也同样回应了人民不断增长的对优质生态环境的需要。

2012年对国家空气质量标准修订中将公众普遍关注的细颗粒物PM2.5纳入环境监测和环境质量控制体系，其后发起的"污染防治攻坚战"都是围绕改善人民生产生活环境质量的需要开展的，"十四五"也提出了要"深入开展污染防治战"的目标任务，这是对我国高质量发展阶段人民对美好环境更高需要、更高要求的回应。总之，就中国共产党的执政理念和治国理政方针的变迁以及由此反映在环境治理上的根本驱动力来说，人民至上的理念始终是我国环境治理不变的根本逻辑。

5.5.2 从增长优先到环境经济协调并不断趋向绿色发展

对环境保护与经济增长之间权衡取舍的线索进行考察可以发现，我国环境治理的演变经历了一个从经济建设主导到经济、社会和环境统筹融合的历程，国家发展战略导向和实施路径上体现了从经济增长优先到环境经济协调推进并不断趋向绿色发展的逻辑。

总体而言，中华人民共和国成立初期到改革开放前，我国在汲取历史经验教训的基础上，走的基本上是一条"经济增长优先"的道路，通过"四个现代化"的建设，着力构建完整的工业体系，夯实国民经济的基础，其间虽然已有对环境问题严峻性的认识，但仍然限于时代局限性而没有认真去对待。"发展是硬道理""发展是第一要务"等这些耳熟能详且具有高度号召力的政策口号，彰显了当时历史时期经济发展的迫切性，无疑，在这种指导思想下，我国取得了巨大的社会经济发展成就。随着环境问题日益凸显、社会环保意识的提高、国际交流的扩大和外企的进入等，国家整体的治理体系和环境治理体系在变革和冲击中不断完善，从单纯或主要追求经济增长转向经济、社会和环境的综合统筹和融合发展。

发展无疑是国家治理自始至终的一条主线，发展观的变迁，也反映出环境治理因素在发展大局中的地位和格局的变化，这种基于实践逻辑的变化，也是现实中关于环境保护与经济增长关系的反映。一系列发展观和发展理念，通过法律法规、政策举措、体制改革等政府行为来贯彻落实，并作用于企业的市场行为和公众的社会行为。近年来，随着主体功能区的实施，使得国土空间根据自然和社会经济等禀赋予以分区开发和管治，以政绩考核和评价为导向的差异化分区管治，和"生态红线"等资源环境领域管理制度的设置，使"生态优先"成为可能，在生态功能区得以首先和深入实施，并由此带动整体全面基于"绿色发展"的系统观念、产业结构、空间布局和制度体系的建立和实施。

5.5.3　在约束激励并用中不断迈向激励相容的改革路径

从改革路径的线索考察可以发现，我国环境治理的演变经历了一个从约束性限制为主向约束和激励并用的转变过程，体现出不断迈向激励相容的改革路径的逻辑。

我国环境治理体系建立后，在激励机制上，前期更多是把环境治理的目标指标化后，纳入社会经济规划，并提出相应的减排、达标的指标目标，如单位 GDP 的能耗、物耗、污染物的削减量或消减率等，并用政绩考核等制度加以推进和实施。除了沿用这种约束性的方式外，也引进了诸如生态省（市、县）和生态社区创建、可持续发展试验区创建、生态文明示范区创建、环保模范城市创建等治理工具，旨在通过生态创建活动，调动地方的积极性。创建成功的地区，可以获得相应的资金划拨、项目支持、上级表彰、绿色形象塑造等正向的激励，这种由"负向约束"为主向"负向约束＋正向激励"的约束激励并重治理工具的转变，适应了我国社会经济的发展趋势，也更有利于治理体系和能力现代化建设的长期目标。

5.5.4 从行政区到跨区域、从一元到多元演变中趋向协同治理

从环境治理的空间单元和治理主体的线索探析可以看出，我国环境治理经历了一个从行政区环境管理拓展到与跨区域环境联合治理并存的过程；从政府一元控制到政府、市场和社会多元共治的历程，从中体现出从行政区到跨区域、从一元到多元演变中不断趋向协同治理的基本逻辑。

我国70多年来尤其是50年来的环境治理在问题导向下，先后应用了各种治理的类型，纵向演进的历程大致为：由"科层治理"开始，到引入"市场治理"，再到迈向"网络治理"，这种时序的演变，与整个国家治理体系的走向密切相关，也顺应了治理的发展潮流。在每个阶段，所主要采取的治理类型因应了问题解决的需要，但随着新问题的出现，原有治理类型又会面临新的挑战，催生出新的治理类型，以回应新的问题。这样的过程，也就综合应用了科层、市场和网络3种治理类型各自的优势，除在特定领域使用具体的治理类型外，现实中更多呈现混合式的协同治理的特征。

从区域环境治理的角度分析，经历了一个由属地管理为主向属地管理与跨行政区治理协同推进的历程。前期针对单要素的环境管理，更多是行政区范围内进行产业结构、交通结构和能源结构以及具体的环境工程与技术的治理工作，由于环境要素的流动性和环境影响的外溢性，跨区域的治理也即"联防联控"逐渐提上日程，通过多个区域尤其是地理相邻区域的合作治理和共同行动，进而实现整体区域环境治理的目标。如围绕2008年北京奥运会和2014年"APEC会议"开展的多部门、多省市共同参与的空气质量保障；近年来京津冀区域大气环境合作治理，

有 7 个省份 8 个部门、28 个城市参与，都体现了跨区域联合治理的基本特征。① 这种跨区域环境治理主要针对流动性强的大气和水污染治理展开，或者是围绕环境应急管理、污染泄露风险调查或处理等特定目的展开，从早期的临时性措施已经演化为现在相对长效和稳定的合作机制。

为弥补生态环境治理中"市场失灵"和"政府失灵"的缺陷，在各种治理手段的尝试和使用中，治理本身的所谓"治理失灵"问题也不断显现，于是，对"治理的治理"的所谓"元治理"（Meta Governance）（杰索普等，1999）便应运而生。在适应和减缓"环境危机"的过程中，各个治理主体共同致力于构建一套具有问题回应性、形势适应性、手段协同性和多主体参与性的治理系统。政府尤其是中央政府在其中具有主导作用，其在统摄科层、市场和网络 3 种治理类型过程中，立足于柔性化、人本化而趋向应用更具高科技化（如智慧环保）、间接化（如第三方治理）等手段，并与之前已有的直接管制、介入市场等方式共同使用，以求在反思中推进治理的深化并提高治理的效率。

总之，中华人民共和国成立 70 多年来环境治理的演进，从行政区向跨区域、从单主体向多中心、从单要素向综合体的演变中明确呈现出协同治理的趋向。因应"治理失灵"的困境，也要在遵循"反思性、多样性和反讽性"（杰索普等，2014）三原则的基础上保持警醒并持续推进治理结构的创新。

5.5.5 从学习到创新并积极承担全球环境治理责任

从国内与国际环境治理互动和开放交流的线索考察可以发现，我国

---

① 详见第 7 章的分析。

环境治理的演变经历了一个从学习世界环保理念到深度参与、再到适度引领全球环境治理的历程，体现了从学习到创新并积极承担全球环境治理责任的演进逻辑。

我国现代的环境治理起步于 1972 年首次派团参加联合国环境会议，其后，随着改革开放，大量外资企业进入、国际经济文化交流深入，在开放竞争下，我国不断了解并学习源于西方的现代环保理念和具体的环境治理行动，并在吸收古老中华传统文化如"天人合一""道法自然"等基础上，结合不同时期、不同阶段的社会经济发展的实际，探索并形成了具有中国特色的环境治理体系，并积极参与全球环境治理，承担国际环境责任。在气候变暖成为全球关注焦点的背景下，我国通过在国内实施节能减排的政策，并加强国际环保合作，分别于 1992 年、2002 年、2012 年，积极参加了联合国里约环境与发展会议、世界可持续发展峰会、"里约 +20"可持续发展峰会；1994 年率先发布了中国实施可持续发展的行动计划，并将可持续发展战略作为国家的基本发展战略。以最大的发展中国家的身份，高举"共同但有区别"的原则大旗，为广大发展中国家发声，并积极争取和努力维护后发国家的发展和碳减排的正当权利。秉持"人类命运共同体"的理念，积极承担与自身经济地位相符的国际碳减排责任，并不断推动全球环境治理体系的优化。2015 年中国与美国积极合作，促成了《巴黎协定》的签订（潘家华，2019）。我国通过碳排放的自愿行动、中外双边和多边环境合作、宣布 2030 年碳排放达到峰值、2060 年碳中和远景、绿色"一带一路"倡议等一系列主动作为，既履行国家减排责任，又发挥了发展大国在国际碳减排领域的推动和引领作用。展望未来，中国在环境保护方面的努力并形成的中国经验，将为世界生态文明建设与全球环境治理优化提供中国方案和中国智慧（解振华，2019）。

我国在协同推进污染治理、生态修复工作的同时，针对世界瞩目的气候变化问题做出了关于 2030 年碳达峰、2060 年碳中和的目标宣示，并在各个层面积极行动。这从一个层面反映出，在融入中华传统生态智慧和借鉴西方发达国家先进环保经验基础上的我国现代环境治理，针对气候变化等国际环境治理议题，提出了中国方案，贡献了中国智慧，并在一定程度上将对全球环境治理起到重要的引领作用。

总之，中华人民共和国成立 70 多年来尤其是建立环境治理体系的 50 年来，中国的环境治理在实践探索和理论升华、向外学习与扎根自身、扬弃传统与面向未来中不断推进。本书通过从党的执政理念、环境保护与经济增长的关系、改革路径、空间单元与治理主体、国内与国际环境治理的开放交流等 5 条线索的考察，概括和提炼出中国环境治理演进所遵循的基本逻辑（见图 5.8）。这里呈现的更多是一种实践逻辑，也即以化解问题为根本导向，而非理想化的理论逻辑。

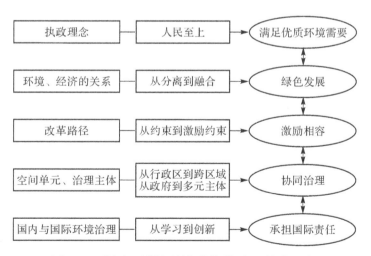

图 5.8　我国环境治理演进的趋势和基本逻辑

5.6　本章小结

本章从中国环境治理演进的视角切入，分析我国环境治理的阶段划分、主体演变、治理类型、总体模式、趋势特点，并在此基础上，围绕区域环境治理问题进行相关的分析，以求揭示我国环境治理演进的基本逻辑。通过对中华人民共和国成立 70 多年来尤其是中国环境治理体系正式构建 50 年来发展历程的回顾和总结，进行了我国环境治理阶段的划分。从政府、市场和社会三者关系演变的视角分析了我国环境治理主体的演变过程，继而对我国区域环境协同治理的 4 种类型进行了分析，也概括总结了中国总体环境治理模式的特点，进而揭示了我国环境治理演进的趋势性特点，以求全面刻画中国环境治理演进的路径，在国家治理的范畴和视野中深刻把握中国环境协同治理演进的基本逻辑。

第一，根据环境治理与经济增长的关系演变和环境治理在国家治理中的方位判断，以重要环境治理体制改革的制度变迁、重大环境治理事件的演进过程为主要线索，将中华人民共和国成立以来我国环境治理演变划分为 4 个阶段，并对各自的阶段性特征进行了总结分析：第一阶段（1949—1971 年），为经济建设主导下的环境治理孕育阶段；第二阶段（1972—1991 年），为建章立制、搭建环境治理框架的阶段；第三阶段

（1992—2011 年），为点源控制向区域治理和流域治理扩展的阶段；第四阶段（2012 年至今），为不断提升环境治理能力，并将其纳入国家治理体系的阶段。

第二，基于环境治理主体变迁的视角，归纳梳理了我国环境治理演进的基本趋势和演变特征为：从政府控制的一元主体，演化发展为市场力量壮大后的政府、市场二元并立，并进一步形成了"政府、市场、社会"共治的特点，但自始至终政府在其中都起着主导和关键作用。

第三，依据地方政府的权限级别或者自主程度，我国区域环境协同治理的类型大体可以划分为 4 个：嵌入式合作制、约束性契约制、委托性授权制、权威性强制制。具体到采用哪种类型的治理形态，取决于区域环境问题和集体行动问题解决的需要、已有治理结构、协同风险、预期收益和制度性交易成本等因素，在一定情况下，随着上述因素的变化而发生转化，也会呈现这 4 种治理类型交织、并存的情况。

第四，从历史视野和实践视野相结合的角度分析，总结得出中国总体的环境治理模式为：中国共产党领导下由政府主导，将生态文明纳入国家治理体系，以鲜明目标为号召，依靠强大的组织动员系统，通过战役化、运动化、任务化的治理行动，着力回应不同时期环境公共事务治理的需要。其具体特点有三：一是将环境治理纳入综合性的经济社会发展规划并实施环境治理相关的专项规划，通过系列性的制度安排予以保障实施；二是基于中央地方关系的政府内部"条块"力量的变迁，不断探求绿色发展的适宜路径；三是治理行动中"战役化、运动化、任务化"特征明显，而常态化治理机制尚待健全和完善。研究表明：不同于经济增长指标，地方政府在环境目标指标的确立上并不存在"层层加码"的现象，但在环保政策执行中存在"层层加码""级级提速"的情况，这与"战役化、运动化、任务化"治理的特征密切相关，在"政治锦标赛"的激励下，环境指标更多地体现为底线要求的约束性，加之需要投入且见效较慢，过高的指标目标对晋升的显示度不高，但环境政策执行中的"层次加码""级级提速"是"环保礼仪化"的具体体现，具有向上级看齐、表达作为等功能。

第五，通过对党的执政理念、环境保护与经济增长的关系、改革路径、空间单元与治理主体、国内与国际环境治理的开放交流等5条线索的考察发现，中国环境治理演进所遵循的基本逻辑分别为：不断满足人民对优质环境的需要；从经济增长优先到环境经济协调推进并不断趋向绿色发展；在约束激励并用中不断迈向激励相容的改革路径；从行政区到跨区域、从一元到多元演变中趋向协同治理；从学习到创新并积极承担全球环境治理责任。由"科层治理"开始，到引入"市场治理"，再到迈向"网络治理"，与整个国家治理体系的走向密切相关，也顺应了治理的发展潮流。并从中发现，中国的环境协同治理呈现得更多的是一种实践逻辑，也即以化解问题为根本导向，而非理想化的理论逻辑。

总之，中华人民共和国成立70多年来尤其是建立环境治理体系的50年来，中国的环境治理在实践探索和理论升华、向外学习与扎根自身、扬弃传统与面向未来中不断推进。经过实践探索，中国已经形成了一套完整和系统的环境治理的制度体系，而环境治理模式从属于整个国家的治理体系，也受国家治理结构和特征的制约和影响。我国环境治理从前期的孕育到后期的建立健全，经历了一个与国家治理体系从松散联系走向紧密关联的过程。"战役化、运动化、任务化"的环境治理模式虽然具有高效的动员性，也能在短期内取得较为明显的治理成效，但也存在治理成本高企、长效机制难以维持等不足，而通过体制改革使环境治理有效嵌入整体的国家治理体系，从而推进常态化、法治化、专业化的治理机制建设，则是未来需要持续改进的方向。

第 6 章　区域环境协同治理的体系与机制

区域环境协同治理是一个由多种相互关联的因素构成的体系，那么其具体的构成要素又有哪些且相互关系如何？区域环境协同治理如何才能有效应对集体行动和环境污染外部性问题交织的困境？影响区域环境协同治理效果的主要因素有哪些，又是如何影响的？本章拟在已有分析的基础上接续而递进地回答上述问题，以求把握区域环境协同治理的体系构成与内在机制，并为全书搭建理论框架体系，为区域环境协同治理模式的构建提供基础，并提出区域环境协同治理效果评估和实证分析的前提假设。基于上述考虑，首先，本章界定了区域环境协同治理体系、区域环境协同治理机制和区域环境协同治理模式这 3 个相互关联又各有不同的概念内涵，并分析了三者之间的相互关系；其次，构建了区域环境协同治理的体系框架，分析了其构成因素和交互关系；再次，揭示和识别了区域环境协同治理内在机制的主要内容和交互影响；最后，对区域环境协同治理体系与机制的主要影响因素及其相互作用进行了总结、归纳和分析。

6.1　区域环境协同治理体系及其与机制、模式的关系

环境问题的外部性、环境质量的公共产品属性、环境容量资源的"公共池塘产品"属性以及集体行动的困境，自然生态区与行政管理区的不一致性，使协同治理成为应对的必要选择。然而，协同治理在何种情况适用、是否有效、何时有效以及如何有效、有何代价等都是其需要回答的理论问题。

为展开后续研究，首先需要界定协同治理的体系、机制和模式的内涵，并分析三者之间的关系。协同治理体系是关于协同治理构成因素之间、影响要素之间以及它们之间的相互作用而形成的交互作用系统；协同治理机制是借助其协同治理才得以启动、运行和发挥作用，是最关键、最基本的协同治理构成因素及其影响因素互构耦合的治理网络和动态系统；而协同治理模式在协同治理体系的框架下，是协同治理基本属性和突出特点的高度概括和理论抽象，是基于实践探索的、关于协同治理的基本类型。协同治理体系依靠协同治理机制得以运行和发挥作用，而协同治理模式是协同治理机制的现实表达，因此，协同治理的机制和模式都内含了协同治理体系的基本成分和关键因素。

区域环境协同治理的体系、机制和模式，则是一般意义上协同治理

的体系、机制和模式在区域环境治理领域的具体化。因此，前三者之间具有与后三者之间同样的逻辑关系。具体而言，区域环境协同治理体系，是指以广义的环境治理为对象，环境治理的行为主体、治理工具、治理对象等协同治理构成因素间的交互作用体系；是治理结构、激励约束、治理绩效的综合集成系统；是区域环境治理主体针对区域环境治理所涉及的环境公共产品供给、公共池塘资源使用中所面临的供给不足、外部性、过度使用、拥挤效应等问题与挑战的系统化应对之道。区域环境协同治理机制和模式的概念由区域环境协同治理体系概念衍生而出，具有前述的与一般意义上协同治理机制和模式的相通性，因此，在此不再赘述。这3个概念与协同治理的逻辑关系如图6.1所示，由基本因素构成的治理体系，对区域环境协同治理的机制和模式的运行具有基础性的影响作用，"区域环境治理体系"通过"区域环境协同治理机制"的中间渠道，作用于基于实践的"区域环境协同治理模式"。

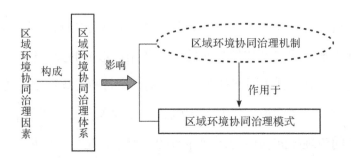

图 6.1　区域环境协同治理中的体系、机制与模式的关系

6.2　区域环境协同治理体系的框架与构成

6.2.1　区域环境协同治理体系的分析框架

协同治理体系是关于协同维度、组成部分和因素交互作用的网络，是什么因素导致协同以及组成因素如何协同行动以产生合意、非合意目标的运作假设。这里构建的区域环境协同治理体系框架，旨在刻画出协同治理关键组成成分的动态、非线性和迭代的协同作用。

Emerson 等首先开发了一个由 5 个维度构成的一体化协同治理框架——系统情境、驱动因素、协同动力、协同产出和协同结果，并形成了协同的维度、组件和元素交互作用的网络（Emerson，Nabatchi，Balogh，2012），并于 2015 年在此基础上进行扩展、完善和修正（Emerson，Nabatchi，2015）。Emerson 等系统分析了一般意义上，在什么地方、什么时候、为什么需要哪些组件，以及在多大程度上，对于协同成功来说协同维度、元素的组合是重要的。该框架对于具体领域和特定问题协同治理体系的构建具有重要的启示价值。

参考一般意义上的协同治理框架，结合区域环境治理的具体情况，进而构建区域环境协同治理的体系框架。区域环境协同治理的框架是抽象出最重要、可分析的协同因素，并在统一的逻辑下，构建相互作用的网络。

区域环境协同治理需要回答五个基本问题：因何而起、谁来协同、何以运行、如何协同、效果怎样，这 5 个问题分别对应的是关于协同起因（Collaborative Causes）、协同主体（Collaborative Subjects）、协同动力（Collaborative Dynamics）、协同行动（Collaborative Actions）、协同结果（Collaborative Outcomes）等 5 个组成协同治理体系的关键因素，因此，区域环境协同治理体系统称为"五维"框架体系（Causes-Subjects-Dynamics-Actions-Outcomes，CSDAO），而这 5 个维度之间及其内部构成元素之间具有交互作用关系（见图 6.2）。

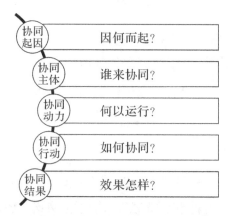

图 6.2　区域环境协同治理体系的"五维"框架

整体而言，CSDAO 框架体系的交互作用关系为："协同主体"在一定的制度背景 / 系统情境下，在"协同动力"作用下，发起"协同行动"，产生"协同结果"，"协同结果"会以"影响"和"适应"两种效应反作用于"协同动力""协同行动"及"制度背景 / 系统情境"，促使后者进行调整、变革，并进行循环往复的交互作用，直至构成维度中的某个或某几个发生重大变化为止。也就是说，构成"协同治理"的维度、因素之间具有动态、非线性和迭代的特征。

6.2.2　CSDAO 协同治理体系

按照 CSDAO 的"五个维度"，首先具体分析各个维度的关键问题，然后在此基础上，对 CSDAO 框架体系构成维度之间的交互关系进行深入分析，揭示和识别区域环境协同治理的机制。区域环境协同治理体系的构成维度、内涵和功能见表 6.1。

（1）协同起因

协同起因归属于一般意义上的制度背景、系统情境（System Context），一般包括如下元素：公共资源和服务条件、政策法律框架、既往合作历史中的冲突信任程度、网络连通性、社会经济文化等的多样性、政治动态和权力关系、先前未能解决的问题等（Emerson, Nabatchi, Balogh, 2012; Emerson, Nabatchi, 2015）。由于在一定时空条件下，制度背景、系统情境是既定的，因此，环境治理的协同起因主要归结于：属地化无法解决的跨域环境问题及其环境公共事务的应对问题。

具体而言，区域协同治理解决问题的特征有：跨域（区域、领域、主体、手段、组织等）、产权和责任界定不清、达成共识的问题。这类问题也就是所谓的具有模糊性和不确定性的复杂问题或棘手问题。那些影响范围在本区域内、技术手段上可以明确产权和责任归属的，依靠属地化的单个地方内部解决或相关责任主体（企业、居民）予以解决。虽然，协同治理有形成公共价值目标的功能，但作为协同起因而言，认识分歧巨大的问题无法纳入协同治理框架，也就无从通过协同治理予以应对。因此，在争议很大的环境治理问题上进行合作就不一定能产生预期的结果。

表 6.1 区域环境协同治理体系的构成维度、内涵和功能

维度	协同起因	协同主体	协同治理制度					协同结果	
			协同动力				协同产出	影响	适应
维度和组成部分	环境公共事务	行动者群体	地域分工	激励约束	共同目标	联合行动能力	协同行动		
内涵和在协同治理中的功能	系统情境是协同治理的发展场域，既是初始条件，也是长期影响因子。创造了机会和约束，并影响协同的动力和绩效	驱动因素——启动协同治理机制的能量并设置其初始方向，是协同治理及其机制的触发媒介	协同动力是协同治理机制的助推引擎和核心构成，而协同动态的各阶段是重复的或循环的互动。地域分工：区域环境治理的必要基础；激励约束：促使不同主体跨区域、跨机构、跨部门，化解矛盾，创造价值；共同目标：达成共识，利用社会资本，降低交易成本；联合行动能力：正式和非正式的制度安排				协同产出是协同治理的结果向度和产出机制	协同结果是协同行动引发的生态和社会影响，包括有意的和无意的。影响：协同动力激发的集体行为所导致的结果，也是系统情境或制度背景有意或无意的状态变化；适应：协同结果产生的转换性变革，或者是协同结果进行重大调整的可能性	
组成部分中的元素	一定时空条件下，系统的制度背景既定。因此，属地化集中于：无法解决的跨域环境问题；环境公共事务	空间尺度：行政区内部到跨行政区；主体：政府、企业、社会组织、公众	地域之间分工合作、利益协调	集体行动的收益与交易成本之差的净收益；协同风险	社会经济和环境目标协同；目标与手段之间的协同；长中短期目标的协同	领导能力催生；知识共享；充分利用稀缺的资源；具体包括协同能力和适应能力	建立协同组织；签署合作协议；一体化的规划、建设和管理；统一的环境标准；区域合并和调整等	是否或何种程度上推进了环境公共事务的解决：	结果和协同治理体系的适应性变化、反馈和调整

注：在 Emerson、Nabatchi、Balogh（2012），Emerson、Nabatchi（2015）文献的基础上进行归纳梳理，Emerson 等的文献翻译和理论评介详见王浦劬、臧雷振（2017）和田玉麒（2019）。

（2）协同主体

区域环境治理可以从环境容量和环境质量两个角度理解，前者是环境治理的约束和限度，后者是环境治理的结果和目标。在这种意义上，区域环境治理就是行为主体在一定人口结构和产业结构下，面临有限的环境容量约束，调动资源、共同行动，着力改善环境质量，以提高地方品质和人民获得感。协同主体是区域环境治理行为的发起者、参与者和实施者。

（3）协同动力

协同动力是协同治理的助推引擎和核心构成，而协同治理动态的各阶段是重复的或循环的互动。区域环境协同治理的动力来自4个维度：地域分工合作、激励约束、共同目标和联合行动能力，而构成协同动力的4个维度之间是互相嵌入、交互作用的。

（4）协同行动

协同行动是在协同动力作用下，治理主体做出的集体选择而采取的有意识的行为。就协同治理而言，协同行动本身并非目的，而是达到协同治理的集体目标也即共同目标的手段。协同行动有多种形式，并且取决于协同治理体系的系统情境、制度背景、基本职能和共同目标。

（5）协同结果

协同结果包括协同影响和协同适应两大部分，是协同行动的产出和外部影响，既包括预期结果或预期变化，同时也不应忽略间接、意外或未预期的影响和变化。结果既有环境方面的影响，也可能有社会经济方面的影响；既可能有短期的，也可能有长期的结果。引致协同结果的协同行动等要素与协同结果之间的绩效、效果问题，将在第8章中进行具体的实证检验，在此不再赘述。

6.3 区域环境协同治理的机制

从系统论的角度认识，区域环境协同治理是一个复杂的系统，因而，区域环境协同治理机制是由各个独立发挥作用又相互联系、相互制约和相互促进的因素构成的有机体系。根据区域环境协同体系的构成因素和影响因素之间的交互关系，识别区域环境协同治理机制，其是一个包括组织机制、动力机制、运行机制、反馈机制和交互作用机制在内的体系。组织机制是如何让协同主体参与区域环境治理；动力机制对应协同主体和协同动力这两个协同治理体系中的因素；运行机制主要是针对协同行动的；而反馈机制是对一个周期的协同治理取得的协同结果的评估，并据此对协同治理体系进行调节；5 个协同治理因素之间和前述 4 个治理机制之间也存在着交互作用。区域环境协同治理机制的构成及其与协同治理体系的关系详见图 6.3。

6.3.1 组织机制

区域环境协同治理的组织机制是指在一定的系统情境下，哪些治理主体如何发起区域环境治理的共同行动，以取得预期的环境治理效果的内在过程。具体包括区域府际协同治理和区域多元主体协同治理。

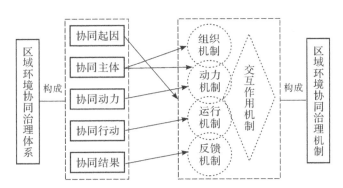

图 6.3　区域环境协同治理机制的构成及其与协同治理体系的关系

（1）区域府际协同治理

从产品属性上看，环境容量是一种"公共池塘产品"，具有消费的非排他性但有竞争性的基本特征；而环境质量是一种区域间"公共产品"，与之相反的环境污染等则是一种"公共厌恶品"，这两者都具有消费的非竞争性和非排他性等特征。基于此，从提供公共产品的角度看，政府是区域环境治理的当然主体。政府间合作的关键是要处理好央地之间、地地之间、部门之间以及它们相互之间的关系，依据环境治理的需要，通过建立关联区域、关联部门参与的协同组织，协调区域之间环境保护、经济发展与环境经济的矛盾和纠纷以及复杂的利益关系，并建立职能整合、利益共享、成本共担的激励相容机制。

（2）区域多元主体协同治理

环境污染具有外溢性，其危害和影响尽管对不同主体各有差异，但总体会使人人受害；而环境治理的成果所体现出的环境质量可以使人人受惠。因此，在笼统意义上，环境治理需要各个主体普遍参与。具体而言，作为市场主体的企业既是私人产品的生产者和提供者，也是环境问题的产生者，所以，企业应是环境治理的主体；作为连接政府、企业和公众的桥梁，也是公众参与公共事务组织渠道的社会组织，既是企业产品的消费者，也是环境治理的受益者，所以，社会组织也是环境治理的主体；公众既是企业私人产品和政府公共产品的消费者，也是通过消费行为进而造成环境问题的责任人（如产生生活垃圾等），所以，公众也是环境治理的主体。而企业、社会组织、公众与政府等主体的共同作用，在此归结为多元主体参与机制。

在普遍意义上，就环境治理而言，各个环境治理主体都有责任，但是具体到区域环境治理上，各个治理主体的责任大小、程度是不同的。对于公共产品的环境治理，政府无疑是当然和必然的责任主体，但从改善环境质量需要、增进环境治理效果的角度看，需要除政府外其他主体的共同参与。

区域环境协同治理机制，突出了政府在优质良好生态环境产品供给、环境污染治理基础设施建设、重大生态工程修复、基础性和共享性及平台性的重大环境科学研究和开发、环境法治体系建立、环境技术服务市场培育、公共环境教育等方面的核心责任。在区域环境治理方面，政府关键作用在于搭建多元主体合作的平台，畅通公众参与的渠道，引导社会组织的有序参与。

为了降低治理成本、提高治理效率，在以政府为主导的政府治理之外，还要完善其与以企业为主的市场治理、以非政府组织为主的社会治理以及公众参与等构成的网络化、多元化、多层次的治理体系和治理格局。

6.3.2 动力机制

区域环境协同治理的动力机制是指如何调动和激发并保持治理主体

共同参与区域环境治理共同行动的激励机制，激励内含预期的正向奖励、诱导和非预期的负向约束、惩戒。区域环境协同治理是在地域分工合作基础上，治理主体围绕共同目标，在激励约束作用下，形成联合行动能力的过程。区域环境协同治理机制中的动力机制及其相互关系详见图6.4。

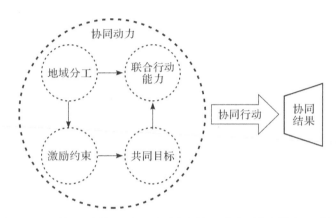

图 6.4　区域环境协同治理机制中的动力机制及其相互关系

（1）地域之间分工合作、利益协调

整体上的区域环境协同治理，首要考虑的是生态环境关联区域的分工合作和利益协调问题。这里的区域是生态环境相依并相互影响（一般也相邻）、社会经济联系程度不一的地区，通过地域之间在生态保护、经济发展等方面的分工，并以主体功能为体现，深化环保合作和产业的差异化、互补性或协同性的连结，依据各地的资源禀赋、环境承载能力，发挥各自的比较优势。而地域的分工合作，才能根本上避免区域之间激烈竞争导致的产业同质甚至变相降低环境标准的"逐底竞争"。地域之间的分工合作，本质上是要在大区域范围内，建立基于各自资源禀赋差异并发挥比较优势的地域功能合作网络，在实践中，以主体功能区划的方式来体现并加以调节诱导。

建立地域之间的分工合作的同时，还要构建地域之间的利益协调机制，并将二者结合起来。利益协调主要通过财政转移支付和生态补偿两种途径实现。不同地域基于各自在生态保护和经济发展中的功能，实施各有侧重的发展路径，但生态功能区的大部分生态产品无法在市场上体现价值并变现，同时因保护生态也丧失了经济发展的机会，这就需要那些以经济集聚、人口集聚为主要特征的重点经济开发区和优化发展区，通过利税上缴，由中央政府再根据各地的生态贡献进行财政的转移支付。各个地域之间也可以通过建立横向生态补偿机制，探索市场化和多元化的生态补偿方式，进而实现区域之间关于生态保护、经济发展之间的协同推进，并为区域环境治理奠定必要的基础。

（2）激励约束

激励约束促使不同治理主体进行跨区域、跨部门、跨机构的合作，进而共同解决区域环境治理中所面临的集体行动问题，并化解各类矛盾、创造多种价值。

激励约束是针对协同治理主体的，强制性的协同治理虽需另当别论，但总体上仍遵循收益大于成本的原则，只不过这里的收益和成本需要将政治性的因素考虑进去；但对于协同治理的大部分——自愿性协同治理而言，从理性人假设出发，只有当协同收益超过协同成本时，协同治理行为才会发生并得以持续。具体而言，协同治理行为是在一定的协同风险水平下行为主体在协同收益与交易成本之间权衡取舍的过程和结果。例如，针对地方政府之间的环境治理协同，协同治理收益包括集体性收益和选择性收益两大部分，协同治理的交易成本主要涵盖信息成本、谈判成本、实施成本、监督成本、地方自主性的丧失或降低成本等，而成功的协同可以解决制度性集体行动困境问题并为参与者带来利益，但治理主体的参与者同时也面临着协同风险，主要来自 3 个方面：一是治理主体的参与者面临着协同行为难以为继的协调不力的风险；二是协同主体面临着对协同承诺可能出现的违反契约以及各种机会主义行为所导致的背离合作的风险，也就是合作信用引起的背叛合作的风险；三是协同治理主体面临的承担成本被不公平或不匹配分担、获得收益被不公平或不匹配分配的分配不公的协同风险（Feiock，2009）。也就是说，协同治理收益与协同交易成本之差的协同净收益大于零，是协同治理行为产生和保持的条件；在任何给定的领域，外部强加的规则与潜在的集体困境问题相结合，以确定每个治理主体面临的具体激励措施。区域环境治理参与者对缓解集体行动困境的特定机制的偏好取决于协同风险，而协同风险反映了环境集体行动问题的本质、参与者的偏好和组合以及影响本区域参与者面对的交易成本的现有机构（Feiock，2013）。提高协同收益、降低协同风险和交易成本，一直都是区域环境协同治理的推动因素。

（3）共同目标

形成共同目标旨在达成协同治理的共识，并充分利用社会资本，进而降低交易成本。共同目标的关键在于通过相互信任或促进相互理解，解决内部合法性的问题，并以合作协议的正式制度等共同承诺的形式体现。而共同目标的内容是综合性的，社会经济目标要与环境保护的目标协同，还包含目标与手段、政策、任务和行动之间的协同以及长中短期目标的协同。

区域环境协同治理目标不能只是环境治理的指标，而应是以环境经济协同为主要构成的高质量发展、满足人民需要的高品质生活和务实应对现实问题的高效能治理能力的统一。需要将目前环境治理更多关注的污染物指标降低目标转变为环境质量改善目标，进而形成高品质生活和高质量环境的地方品质以更好地满足人民对生态安全的需要，有效应对中间目标和终极根本目标的冲突。手段要服从于目标，这里服从的是终极的根本目标。

（4）联合行动能力

协同可以理解为行为主体通过集体行动以增强自我和作为合作者的他人实现共同目标的能力，而协同治理旨在产生参与者或合作方无法单独完成的结果。但是，要达到预期的协同治理结果，参与者或合作方必须增强联合行动的能力。联合行动能力既是跨职能要素的集合，也是共同创造并采取有效行动的潜力，亦是协同战略与协同绩效之间的联系。联合行动能力包括正式和非正式的制度安排，核心构成因素主要涵盖领导能力催生、结构安排、知识共享、充分利用稀缺的资源等。如果聚焦于协同治理机制下的制度适应，就需要厘清和区分协同能力和适应能力及其对适应行动的各自贡献。而协同能力产生相关的适应能力，从而使协同治理制度内的适应成为可能。有研究借助美国国家河口项目流域管理的一个说明性案例研究，发展了协作能力和适应能力之间的区别和联系（Emerson，Gerlak，2014）。

6.3.3 运行机制

区域环境协同治理的运行机制是指区域环境协同治理的共同行动如何持续、如何维持的操作规则和操作规程。

协同行动包括但不限于以下具体形式和内容：获得公众认可或教育公众；制定新的政策、措施、法律和法规；调动外部资源；部署和配置人员；环境治理设施选址、许可和建设；实行新的管理规范；监督执行情况；合规地执行法规等。当之前的协同行动有效时，后续行动将持续跟进。但是，如果协同行动不合时宜、成本太高或出现意想不到的负面后果，则需要重新激发共同动力，重新评估采取联合行动的能力，并进行相应的调整和转变，因此，协同动力与协同行动之间具有不可分割的联系。

6.3.4　反馈机制

区域环境协同治理的反馈机制是指协同周期内治理结果通过发送信号、如何反过来影响治理行动、治理主体促使这些协同治理因素做出调整并适应协同治理需要的循环往复的过程。

协同结果是协同行动的产出和外部影响，包括协同影响和协同适应。这些结果包括达到共同目标所需条件的中间变化以及实现这些共同目标的结果。适应是指变革的潜力或可能性，是对协同行动的结果做出微小但重要的调整的潜力或可能性。

反馈机制更多是通过协同结果的适应来实现的，而适应在 3 个不同的层面进行：在协同治理体系本身内；在协同治理体系的参与主体、参与组织之间；针对目标资源或服务。此外，协同治理体系必须既适应外部系统背景中的持续变化，又适应其内部及治理参与方与上级组织之间的内部变化。简而言之，协同治理体系必须设法适应变化，同时保持足够的稳定性以能够执行。

6.3.5　交互作用机制

协同起因归属于一般意义上的制度背景、系统情境，由于在一定时空条件下，制度背景、系统情境是既定的，因此，对于环境治理而言，协同起因就集中于属地化无法解决的跨域环境问题及其环境公共事务的应对问题。协同主体事实上就是抽象而成的"复合行为体"（Composite actors）。具体而言，5个维度之间的作用关系和其在"协同治理"中的功能为：无法通过"属地化管理"解决的跨域环境问题，需要通过"协同治理"予以应对，而"环境公共事务"是发起"协同治理"的缘由，也是"系统情境"的背景因素之一；多个治理主体构成的并被抽象为"复合行为体"是"协同治理"的"驱动因素"，也是作为治理行为的"协同治理"的发动者和实施者；由地域分工、激励机制、共同目标和联合行动能力耦合而成的"协同动力"是"协同治理"得以运行的助推引擎，也是发生"协同行动"的动力源泉；"协同行动"是整体"协同治理"的结果向度和产出机制，也是"复合行为体"在"协同动力"作用下引发的集体行为；由"影响"和"适应"构成的"协同结果"是一个周期"协同治理"的最终成果（见表6.1）。

"复合行为体"面临"环境公共事务"协同治理的需要，在"协同动力"作用下，发起"协同行动"，产生"协同结果"，寻求解决跨域环境问题，并以"环境公共事务"的形式予以综合应对，而"协同结果"会"影响""环境公共事务"是否解决，或如何得以解决，并通过"协同结果"的"适应"行为同时对由"协同动力"和"协同行动"构成的"协同治理制度"及作为"系统情境"的"环境公共事务"进行反馈，在交互作用下，进行强化、弱化、干预等调整；然后，根据"协同治理"构成维度的需要和条件（如：跨越环境问题的解决情况、治理主体的参与情况、集体行动的净收益和协同风险的综合考量等）进行多周期运行的作为行为及目标、模式和类型兼有的"协同治理"（见图6.5）。

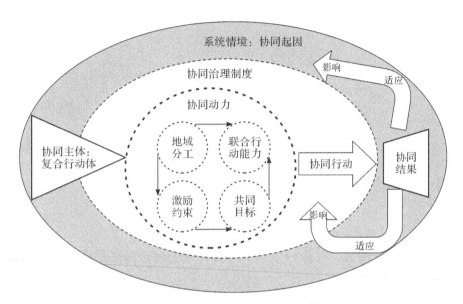

图 6.5　区域环境协同治理的体系及其交互作用

6.4 区域环境协同治理体系与机制的影响因素

（1）构建回应"社会—生态"复合问题的综合网络是环境协同治理的需要

环境协同治理需要应对和克服环境污染外部性和集体行动困境两大问题，构建的协同治理网络也就需要适合集体行动问题和生物物理特性，在社会和生态两方面都要契合，参与者及其协作关系的协同治理网络的结构应与所治理的环境问题的结构相一致。社会系统和生态系统被表示为独立但相互关联的网络，其由社会网络和生态网络关系在各个层面上的协调程度的"水平契合"与不同的社会和生态层面相互联系的"垂直契合"构成。由于环境问题通常被描述为或多或少相互依赖的子问题的集合，因此同时显示出一系列集体行动问题的特征，但在此过程中，需要考虑到两点：行动者并不完全根据集体行动问题的性质来建立社会联系；环境治理的具体问题可能会随着时间的推移而改变，因之构成有效协同治理网络的因素也可能随之而变化。能够解决一系列集体行动问题并适应这些问题性质变化的协同治理网络更适合于解决环境治理问题。然而，是否适应各种集体行动问题和适应生态环境系统是两个独立维度，需要将"经典"的集体行动问题（如学习、协调、合作等）和社会生态契合分析结合在一起，进行综合考虑。在这个意义上，社会生态网络视角有助于将社会生态语境差异分解为清晰明了、具有理论依据和可衡量的特征，进而明确行为主体与生态系统之间的矛盾冲突的化解和应对之道。而环境协同治理网络的有效性来自网络的整体结构、参与者的特征以及他们所占据的网络位置之间的相互作用（Bodin，2017）。

在多级治理的背景下，环境协同治理中内含着政府和非政府之间治理主体的合作，其中包括两种类型的合作：横向合作和纵向合作。政策参与者在与同一级别的组织合作时会参与横向协作，而在与不同级别的政府合作时会参与纵向协作，而纵向压力和横向中介都是推动当地管理网络参与的动力因子（Yi，Huang，Chen，et al，2019）。在区域环境治理中形成的协同网络可用于解决职能分散问题和制度性集体行动困境，但协同网络结构对治理绩效的具体影响需要通过对协同网络的效果评价加以考察，而社会资本的高度整体衔接和联结及较低的网络密度是有效协同网络的重要决定因素（Cui，Yi，2020）。

（2）协作倡议呈现资源、行动者群体、目标、制度（规则）、尺度等多重特征

现实中的协同治理面临的是具有多种资源的复杂系统、多个利益相关者群体以及跨多个尺度的多个目标，这就需要综合考虑和有效识别制度背景、系统情境对协同治理和合作倡议的起源、目的及成功的重要性和影响。协同倡议一般具有以下 5 个部分或全部的多重特征：资源、行动者群体、目标、制度（规则）、尺度。五大特征为（Cockburn，Schoon，Cundill，2020）：①它们涉及多个参与者或利益相关者（不仅仅是直接资源用户）；②它们寻求同时和合作地管理或管理多个资源或生态系统服务（这些资源通常是有争议的，并嵌入大型复杂的生态系统中）；③它们致力于资源系统的多个目标（例如：生存资源的使用、农业、保护、娱乐、气候变化适应）；④系统内有多种制度（例如：土地所有权或多样的产权制度，或一系列规范性、非管制性和习惯法制度）；⑤它们经常在多个尺度上或跨多个尺度变化。

多方面的合作倡议采取各种制度安排（见表6.2中的例子），在这些合作倡议中，合作常常被作为建立共识和克服分割的一种手段，并用于连接不同类型的组织（公共和私人所有者及管理者）和尺度（地方、国家和国际）。合作也是一种承认和受益于多种认识方式的手段，例如当地土地使用者、科学家和政府部门领导。因此，当今自然资源管理和治理的协同是一项更加复杂和具有挑战性的工作，其特点也具有多重特征。

影响合作的主要因素有 5 个：背景、制度、社会关系、个人和政治历史（Cockburn，Cundill，Shackleton，2019）。尽管正规化的治理流程和制度在促进合作中起着重要作用，但实际上，个人和社会关系因素可能也是创造合作基础的关键推动因素，这些又受背景和政治历史因素及过程的影响。在有争议的社会异质环境中，采取关系多元的方法来促进协同管理尤其重要，因此需要关注影响协同过程的社会关系因素。

景观管理计划在南非得到越来越多的应用。多利益相关者协作是此类倡议的一个关键挑战，这些倡议通常是复杂和多方面的。这里以南非合作景观管理为对象，应用"背景—机制—结果"（CMO）框架来理解多方面的协作和背景的影响。首先是背景，如：多生态系统服务的农业景观；河流集水区要求多层治理；具有潜在价值的土地；具有不同价值观和文化背景的养护和采矿行为者。多案例研究中的案例都具有以下背景特征：多个利益相关者在景观中具有不同的、有时是相互竞争的利益和目标；利益相关者在社会、文化和政治方面的高度多样性；受历史政治安排影响，利益相关者之间权力关系不平等，生态系统利益分享不平等；多种相关的资源或生态系统服务；正式治理结构对合作的影响有限；非政府组织充当协作的促进者。其次是机制。承认和尊重不同的世界观（本体论）和知识（认识论）；冲突管理过程；采用社会学习过程、长期关系和跨利益群体建立信任等扶持机制。最后是结果。案例展示了协作过程中的各种结果，如：公平获得自然资源；可持续利用自然资源以改善生态系统健康；土著权利持有人被承认并纳入决策等。在地方一级，在不同利益相关者之间建立协作和新的人际关系方面取得了一些成功，在实现可持续生计、创新农业做法、改善集水区管理和生物多样性保护方面取得了成功。然而，在不同利益群体和种族群体的利益相关者之间建立合作方面存在困难，在将地方合作活动与更高级别的进程联系起来方面存在困难，在政府没有被监测的情况下，难以执行自然资源管理立法。这些结果反过来又通过新的关系和可持续性实践，在地方和可能的区域范围内反复地影响社会生态环境。总体而言，通过 CMO 方法将重点放在情境上，可以更细致、更深入地了解协同治理，同时也有助于更广泛地理解情境因素如何影响协同过程和社会生态可持续性成果。

表6.2　合作倡议的多样性以及多种多样性的例证

协作计划示例	多方面协作计划的多个特征示例				
	资源	行动者群体	目标	制度（规则）	尺度
地方一级可持续利用渔业的共同池塘管理	*	*	*	*	*
管理多功能景观，以管理多种生态系统服务	**	**	***	*	**
协调生物圈保护区生物多样性保护和可持续发展的合作	***	***	**	**	**
景观级生物多样性保护计划	**	**	*	**	**
流域规模和多层次水资源利用及管理治理举措	*	***	*	***	***
海洋保护区与地方领土用户权之间在渔业治理系统方面的协作互动	**	***	**	*	**
合作管理，以承认土著权利，以及整个景观中自然资源的生存和文化用途的多样性	***	***	***	***	**

资料来源：Cockburn 等，2020.星号表示多样性水平，从低到高：*= 单一，**= 两个，***= 多于两个。

（3）治理主体的多中心治理理念下公私合作与公众参与及协同结果

传统环境管理强调政府的单中心作用，无法应对区域环境治理的需要。在过去的数十年里，学界对多中心治理的兴趣不断上升，并且越来越多地关注支撑这种系统的权力动态。多中心权力类型学鼓励分析者将关注点从多中心治理的结构维度，转移到考察能够使拥有不同类型权力的不同类型参与者实现其偏好结果的权力负载条件。虽然提炼多中心治理中的权力动态并非易事，但通过分析和管理多中心治理的功能、结构和结果，多中心环境治理的潜力将通过整合权力动力和解决实际挑战而得到加强。多中心环境治理涉及的多个权力中心为了一个共同的治理目标而一致地相互作用，强调权力是通过设计权力、务实权力及框架权力进而影响多中心治理目标、过程和结果的不平衡能力。多中心行动者运用设计、务实和框架等 3 种权力，并受到不同类型的多中心性的影响（Morrison，Adger，Brown，et al，2019）。不同的多中心治理系统中的 3 种权力类型及其示例见表 6.3。

表6.3　不同的多中心治理系统中的 3 种权力类型及其示例

权利类型	欧洲水框架指令（WFD）	减少毁林和退化排放计划（REDD+）	大堡礁制度（GBR）
设计权力	欧洲议会和理事会向欧盟成员国承诺，通过为指定流域地区制订 6 年一次的流域合作管理计划，实现良好的定性和定量状态	《联合国气候变化框架公约》（UNFCCC）通过国家政策指导、技术援助、积极激励和利益相关者伙伴关系的综合系统，对发展中国家的森林问题行使自上而下的多边权力	澳大利亚国家政府通过立法、法定授权和参与式海洋规划，与昆士兰州达成协议，并通过联合国教科文组织《世界遗产名录》及其他国家和州法律对大堡礁进行保护和可持续利用
务实权力	与农业利益相关的地方官僚利用自由裁量权削弱制定的标准，并避免在单个流域层面充分应用该指令的关键原则	国家政府、地方精英和外国"碳企业家"绕过土著社区的保障措施，利用不安全的保有权制度来获取碳权利和利益。当地非政府组织务实地利用方案设计，为土著群体实现更广泛的保有权保障	与行业利益一致的官僚利用自由裁量权来避免执行相关规则来管理新的和持续的威胁
框架权力	农业行业利益将水框架指令定义为布鲁塞尔官僚机构的远程干预，以确保水质问题主导流域层面的实施过程，并将水资源获取和供应问题降至最低	世界银行、联合国 REDD 计划以及华盛顿特区、日内瓦和伦敦的其他非政府组织通过其自身的 REDD+ 目标设定、地理定位和财政分配，进行额外的议程设置	行业团体、政界人士和媒体部分形成了这样一种说法：GBR 监管、科学家和非政府组织正在阻碍经济发展，从而引发公众对废除沿海开发、土地清理和具有可再生能源补充性的州及国家立法的兴趣

资料来源：根据文献（Morrison，Adger，Brown，et al，2019）整理归纳。

如何让政府、企业和公众共同参与，是增强环境治理能力的关键。政府监管对环境治理具有积极作用，可以促使企业积极开展污染治理；政府监管的效果受到企业收入和成本的制约，改善政府声誉可以有效刺激政府的环境监管行为。而公众参与显著提升了废水、废气和废渣等"三废"的治理效果，且政府与公众的互动对提高环境治理绩效和公众满意度都具有积极的影响（Chen，Zhang，Tadikamalla，et al，2019）。已有研究表明，公众环境投诉对污染物减量有着显著的正向影响，而公众参与对污染物减排的影响呈现出时间滞后和地区差异的特征（Zhang，Chen，2018）。因此，需要提高环境治理中公众参与的有效性。

参与和协同治理对协同产出的环境标准具有普遍的积极影响，尤其是在沟通强度较高和参与者被授予决策权的情况下。此外，其间有两个潜在变量：利益相关者观点的融合和利益相关者能力建设这两个中间的社会结果。强化交流的各个方面在实现社会和合作中间成果方面具有很大影响力。值得注意的是，只有"利益相关者观点的融合"因素（包括解决冲突、建立信任、互利共赢和建立共享规范的社会方面）对环境产出标准产生可衡量的影响。相比之下，"利益相关者能力建设"（包括社会学习、个人能力建设和网络创建等方面）虽然本身具有价值，但并未对环境结果产生重大影响（Jager，Jens，Edward，et al，2020）。故而，有必要以细致入微的方式直面复杂多变的现实，并注意特定机制如何发挥作用，促进产出一系列的社会成果。

（4）地理位置、群体规模、政策目标、领导者、激励等是影响地方政府合作的重要因素

已有研究表明：地理位置、群体规模、共同的政策目标、领导者或政策企业家、强制和／或选择性激励等是影响地方政府合作的五大因素

（菲沃克，2012）：一是地理位置。考虑成本和收益率，地理邻近的地方政府更利于合作。二是群体规模。增加寻求合作的地方政府数量、增加寻求合作的地方政府的异质性（如异质性的选区等）越不利于合作。三是共同的政策目标。潜在的成本节省和服务连续性都有利于合作。四是领导者和企业家。强有力的领导者或企业家的出现，有利于合作。五是强制和／或选择性激励。美国联邦资助项目向地方政府合作委托或提供财政激励有利于合作，而增加州法律对地方政府的管治却不利于合作。

（5）协同风险水平下由协同预期收益与交易成本所决定的协同净收益是不同类型协同治理机制、治理工具选择和转化的关键受制变量

协同治理不同类型的治理机制、治理工具的选择和转化主要决定于：一定协同风险水平下关于协同预期收益与交易成本之差的净收益。具体如图 6.6 所示（Feiock，2013）。假设有两种不同类型的区域环境协同治理的机制或工具，在给定的协同风险水平下，任何一种机制或工具的参与动机将由预期收益与交易成本之间差额的净收益所决定。如图 6.6 中的灰色区域所示，对于低于 X_1 的所有协同风险，治理机制或治理工具 A 都具有正的净收益，因此在小于 X_1 的风险水平下，更倾向于选择治理机制／治理工具 A。治理机制／治理工具 B 比治理机制／治理工具 A 具有更高风险水平的净效益，因为在更高的风险水平下，治理机制／治理工具 A 的交易成本增加更快，而预期效益下降得更快。一旦风险水平超过成本和收益曲线的交叉点 E_2，任何一种治理机制／治理工具都不会提供正的净收益，也不会鼓励自愿参与这两种机制工具。由于治理机制／治理工具 A 的成本比治理机制／治理工具 B 的风险低得多，因此在净收益相等之前，治理机制／治理工具 A 比治理机制／治理工具 B 更为可取，如

图 6.6 中的风险线 $=X_{0.6}$ 所示。在一定的协同风险水平下，当治理机制／治理工具 A 和治理机制／治理工具 B 的净收益相等时，那么这两种机制都可能会被选择。当协同风险水平大于 X_1 且小于 X_2 时，治理机制／治理工具 B 产生的净收益更大，这种情况下治理机制／治理工具 B 更可能被选择。如果协同的风险水平超过 X_2 时，治理机制／治理工具 A 和治理机制／治理工具 B 都不能带来净收益，因此，这两种机制的激励性因素此时也就不存在了，这时则需要引入其他新的协同治理机制或治理工具，且需满足交易成本更低、预期收益更高的条件（姜流、杨龙，2018）。

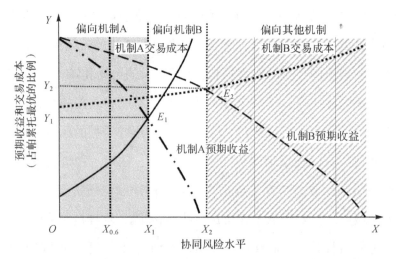

图 6.6　不同类型的协同治理机制、治理工具的选择和转化

在具体的区域间合作选择中，制度背景和系统情境都很重要，而如何建立具有不同特征的各种治理结构取决于能够同时降低合作参与者的交易成本和风险的具体因素。在评估与合作安排选择相关的成本和收益时，区域差异机制和区域治理机构在降低市政参与者的合同风险和信息障碍方面发挥着关键作用，他们在合作过程的所有阶段都有直接的影响。相反，如果没有一个区域结构的激励制度和具有说服力的象征性行动，地方代理人之间原有的关系网络及其市政管理传统将只能影响合作行动者的权衡。也就意味着，只有在合作进程的开始阶段，诱导市政合作达到提高竞争力的临界质量才是可取的，而要使之制度化，尤其需要所涉及的市政行为体存在着相同的意图和偏好（Casula，2020）。

（6）网络位置、连通性与区域间合作类型差异影响的复杂性和异质性

协同治理机制虽然通常被视为比其他治理形式更能包容不同参与者的一种手段，然而，协同也有可能加剧已有的权力失衡和资源不均，而不是公平分配资源和促进联合行动。此外，促进原则性参与的协同治理机制，如增加面对面的交流、增进对共同问题的理解、提高对其他参与者的认识等，与参与者通过参与获得资金、人力和技术资源的能力密切相关（Tyler，Craig，2017）。虽然协同治理机制确实改善了参与者对共享资源的利用，但也可能会进一步加剧资源利用中本已存在的不平等。

区域间合作协议有非正式、正式和强制之分，更高级别政府的参与、所涉及的政策参与者的数量、经济条件的异质性以及所涉及参与者之间的行政管理水平差异都影响着环境合作协议的结构，具体而言，国家或省级政府的参与、更多的政策参与者、经济条件的异质性与行政部门的参与呈正相关，而城市行政级别的差异与选择更权威的合作形式呈负相关（Yi，Suo，Shen，et al，2018）。因此，当有更多的行动者参与协定谈判时，当地管理人员需要考虑更具权威性的协议形式。当上级政府参与地区间谈判时，地方政府应做好长期正式合作的准备。与经济发展水平不同的城市合作，风险也更高。当城市的经济状况和政策偏好各不相同时，确保长期合作的最佳方式是制定更正式的地区间协议。在协同治理中的正式网络与非正式网络之间的关系上，一项针对地方水治理的研究表明，正式网络确实影响并促进了非正式网络的形成，并且正式网络中的参与者更可能在环境治理中建立非正式关系（Huang，Yi，Chen，et al，2020）。

6.5　本章小结

区域环境协同治理体系、区域环境协同治理机制和区域环境协同治理模式是 3 个相互关联又各有不同的概念，三者之间具有交互作用。区域环境协同治理体系是关于环境协同治理构成因素之间、影响要素之间以及它们之间的相互作用而形成的交互作用系统；区域环境协同治理机制是借助其协同治理才能启动、运行和发挥作用的，是最关键的、最基本的协同治理构成因素及其影响因素互构耦合的治理网络和动态系统；而区域环境协同治理模式在协同治理体系的框架下，是协同治理基本属性和突出特点的高度概括和理论抽象，是基于实践探索的、关于协同治理的基本类型。协同治理体系依靠协同治理机制得以运行和发挥作用，协同治理模式是协同治理机制的现实表达，协同治理的机制和模式都内含了协同治理体系的基本成分和关键因素。

区域环境协同治理体系是一个包含协同起因、协同主体、协同动力、协同行动、协同结果等在内的"五维框架"，本章系统回答了区域环境协同治理的 5 个基本问题：因何而起、谁来协同、何以运行、如何协同、效果怎样。

区域环境协同治理机制是一个包括组织机制、动力机制、运行机制、反馈机制和交互作用机制的体系。区域环境协同体系与机制的构成成分及其相互之间，具有复杂的交互作用关系，并受多种因素的影响和制约。

区域环境协同治理的体系与机制受多种因素的影响。整体而言，环境协同治理需要构建回应"社会—生态"复合问题的综合网络，并着力解决集体行动困境和环境污染外部性两大问题。而环境协作倡议呈现资源、行动者群体、目标、制度（规则）、尺度等多重特征，区域环境治理是在多中心治理理念下的公私合作、政府企业和公众共同参与的互动格局。地理位置、群体规模、政策目标、领导者、激励等是影响地方政府合作的重要因素，而协同风险水平下由协同预期收益与交易成本所决定的协同净收益是不同类型协同治理机制、治理工具选择和转化的关键受制变量。同时，网络位置、连通性与区域间合作类型差异影响具有复杂性和异质性。

第7章　区域环境协同治理的模式

经过 70 多年尤其是 1972 年之后 50 年的积极探索，我国的环境治理体系不断得到完善，而在环境协同治理的区域实践中，也不断催生、演化出各有特点的治理类型，那么，我国比较典型的区域环境协同治理模式都有哪些？各自又有什么样的运行机制？治理绩效的影响因素如何？如此等等的问题，正是本章将要探讨的主题。首先，本章界定了区域环境协同治理模式的内涵并提出了分类逻辑；其次，构建了一个区域环境协同治理模式的分析框架；再次，分别对两个典型的区域环境协同治理案例所代表的 3 类治理模式进行了分析；最后，从整体上对 3 类区域环境协同治理模式的治理结构和治理特点进行了比较分析，并阐释了区域环境协同治理模式与国家治理制度的关系及其影响因素。

7.1　区域环境协同治理模式的分类逻辑

　　这里理解的区域环境协同治理模式，是以广义的环境治理为对象，关于跨行政区域的、跨主体的环境治理的主体、工具、动力和特征的识别，是基于实践探索和发展的环境治理综合属性的理论抽象和高度概括。模式意在客观、中立地对区域环境治理实践进行总结提炼，但由于具体模式有其形成的社会背景、环境经济、文化制度条件，是特定条件约束下的适应性选择，治理成效也受治理结构和治理机制的影响。模式并非全是有益的经验，也不是固定不变的格式，由于实践是发展的，基于实践的模式也具有开放性和动态性的一面。因此，这里的模式分析在主观上不存在推广和复制模式的倾向，仅是对各类模式进行深入分析和客观总结。

　　依据反映区域主体之间的权力关系的治理结构，以及治理的驱动因素、除政府外的异质性主体参与情况等维度，从理论逻辑上讲，可以将区域环境协同治理的模式划分为 4 种类型（如图 7.1 所示）：对等区域的一元任务驱动模式、权威介入的一元任务驱动模式、对等区域的多元互动治理模式、权威介入的多元互动治理模式，并分别将其简称为：对等型任务驱动模式、权威型任务驱动模式、对等型多元互动模式、权威型多元互动模式。

对等型任务驱动模式，是指地位平等的区域之间，一般是相同级别的对等地方政府基于自愿和自主原则把环境治理作为区域合作的主要内容，纳入相互之间协调、共同行动的领域，并通过一定的指标和协同机制予以统筹和推进，以期达成和实现区域环境治理的设定目标。

权威型任务驱动模式，是指区域之间的地方政府，在上级和外部力量的介入下，基于自愿和自主原则或主要依靠权威力量，通过把区域环境治理纳入区域合作的主要内容，进而在环境公共事务上相互协调、共同行动。

对等型多元互动模式，是指地位平等的区域之间在区域环境治理的过程中，政府、企业和公众等利益相关者形成交互的协同治理网络，并在多主体的多元互动中采取各有不同但目标趋同的环境治理的共同行动。

权威型多元互动模式，是指区域之间在区域环境治理的过程中，一般为上级政府的外部力量介入并作用于由地方政府、企业、公众等利益相关者构成的协同治理网络，并形成多主体参与、多元互动的环境治理格局并采取共同行动。

驱动因素 / 异质性主体类型	互动治理 / 多元主体	对等区域的多元互动治理模式	权威介入的多元互动治理模式
	任务驱动 / 一元政府	对等区域的一元任务驱动模式	权威介入的一元任务驱动模式
		对等区域合作	外部权威介入

区域治理结构

图 7.1　区域环境协同治理模式分类的逻辑

7.2　区域环境协同治理模式的案例选择与分析框架

通过深入考察现实并结合区域环境协同治理模式的分类逻辑可以发现，在上述 4 种区域环境协同治理模式中，其中 3 种——对等型任务驱动模式、权威型任务驱动模式、对等型多元互动模式在我国现阶段都有具体的实践探索，唯独没有生成性质的"权威型多元互动模式"。可能的缘由在于：在历史、文化等复杂的原因下，虽然社会不断走向开放，市场化的企业主体在不断崛起，但我国总体上仍然是一个政府主导型的社会治理结构，民间社会组织发育迟缓，外部力量与区域自主治理之间存在冲突，权威介入后多元主体互动就难以开展。如果从治理形态和治理格局上看，在已经存在的这 3 种模式基础上，存在权威型多元互动模式与之交织的情形。随着我国社会治理的变迁，未来也有可能会出现生成意义上的"权威型多元互动模式"，不过这一问题已经超出了本研究的范围，因此，后续的分析，就围绕现实中存在的 3 种区域环境协同治理模式展开。

本章选取了两个各具特色的典型案例进行梳理和分析。案例选取以典型性和代表性为原则，同时要体现模式分类的研究目的（见表 7.1），但需要明晰的是，任何基于实践的理论模式的抽象，都无法也没必要穷尽所有的类型，区域环境协同治理模式也是如此。

基于此，前后两个阶段京津冀区域大气污染协同治理案例分别代表了由对等型到权威型的任务驱动模式，前期以地方政府合作治理为主，后期演变为中央政府主导下的跨地区、多部门的任务驱动型模式。以"清洁生产伙伴计划"为主体的粤港环境合作代表了以地方政府诱导下的跨地区、多主体为表现的对等型多元互动模式；而粤港澳环境合作的治理历程，则具有对等型及权威型任务驱动模式的典型特点；再把这两者结合起来考察，反映了这3种模式相互交织的现实情况。对等型与权威型的任务驱动模式在京津冀区域大气污染协同治理案例中进行考察，粤港环境合作案例中主要考察对等型多元互动模式。

表 7.1　区域环境协同治理模式案例选择的依据和初步识别

案例名称	模式类型	环境治理涉及区域、主体	所属的区域	可能的主导力量	选取依据
京津冀区域大气污染协同治理	对等型任务驱动模式、权威型任务驱动模式	京津冀晋鲁豫等地理相邻的多个省域、所谓的"2+26"跨省的28个城市，多个国家部委等	京津冀	政府	发端于 2006 年的为保障 2008 年北京奥运会的空气质量而进行的跨省环保合作，后有广为关注的"两会蓝"、2014 年的"APEC蓝"、2015 年的"阅兵蓝"等现象；从 2013 年至今的冬季污染治理已初步形成常态化的合作治理态势。实施时间已有 16 年且还在运行，是政府承担环境治理领导责任的典型，在其他区域（如汾渭平原、长三角、珠三角）、其他领域(如交通整治、食品安全)也有体现

案例名称	模式类型	环境治理涉及区域、主体	所属的区域	可能的主导力量	选取依据
粤港"清洁生产伙伴计划"	对等型多元互动模式	广东和香港1省1特区的2个地方政府，香港环保署和广东省经信委等部门，数量众多的在粤港企，还有技术服务单位、行业协会	粤港澳	政府、企业等	2008年4月开始启动，目前正在实施到2025年的新一期"清洁生产伙伴计划"（CP3）；多家企业参与，并已有了较大的社会反响。实施时间已经有14年且还在实行

资料来源：根据已有资料总结。

为了全面把握区域环境协同治理模式的生成背景和条件、构成要素和相互作用、演变趋势、运行和激励机制、治理绩效，需要构建区域环境协同治理模式的分析框架，主要从"环境经济背景、初始条件情况、基本运行机制、协同组织演变、激励约束机制和治理模式评价"等"六个维度"进行"解剖麻雀"式地深入挖掘，以求较为全面和深入地分析典型案例所代表的区域环境协同模式各自的治理特点和治理机制（见表7.2）。图7.2为区域环境协同治理体系和机制与演进、模式、结果的内在关系，也即本研究的第5章、第6章、第7章和第8章的内在关系，从中可以看出这几个问题之间的内在关联性和逻辑的统一性。

表7.2　区域环境协同治理模式的"六维"分析框架

分析维度	主要内容	主要目的
环境经济背景	分析模式产生的经济发展和环境问题的形势	考察模式的生成背景
初始条件情况	分析模式产生所需要具备的制度条件	考察模式的生成条件
基本运行机制	分析模式的基本的实施操作的情况	把握模式的构成要素
协同组织演变	分析模式的组织体系、组织形态和变化特点	揭示模式的组织机制

续表

分析维度	主要内容	主要目的
激励约束机制	分析模式所构成要素及其之间的相互作用	识别模式的动力机制
治理模式评价	分析和预判模式的环境治理绩效、总体治理特征、未来演变	研判模式的适应性

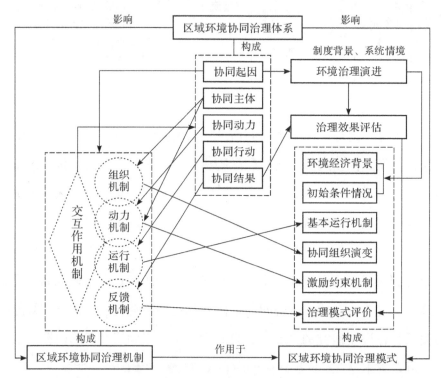

图 7.2　区域环境协同治理体系、机制与演进、模式、结果的内在关系

7.3 从对等型到权威型的任务驱动模式

根据治理主体的主导动力和治理特点等因素综合判断，京津冀区域大气污染的联合治理，是任务驱动型模式的典型代表，但经历了一个从对等型向权威型的演变过程。京津冀大气环境协同治理，首先肇始于2006 年北京周边地区为保障 2008 北京奥运会空气质量而开展的环境治理合作。其后，围绕"重大事件"的单项任务治理展开环境合作，其中从 2013 年至今围绕"冬季大气污染攻坚"的合作已经走向比较稳定的持续治理之路（见表 7.1），也初步形成了一套协同治理的运行和激励约束机制。因此，这里的分析主要是围绕 2013 年至今的"冬季大气污染攻坚"的实施情况展开。

7.3.1 环境经济背景

京津冀区域的社会经济发展落差大，高度发达的、具有世界影响力的中心城市北京与"环首都贫困带"并存，京津冀三地同处共同的生态单元，污染问题突出是区域协同发展中面临的巨大挑战。高污染产业分布比较密集、三地因发展阶段和水平差异导致的利益诉求各不相同、环境治理在各自的发展目标和治理目标中所占的权重和地位差异较大、长期各自为政的"属地化管理"的惯性与跨域环境公共事务协同治理的需要之间存在着矛盾冲突，当 2014 年京津冀协同发展作为国家战略被提出和实施后，生态环境的协同治理成为三大率先突破的重点领域之一[①]，同时该区域也被赋予了探索建立全国"环境污染治理与生态修复示范区"的重任。

根据相关统计年鉴的数据折算，2013 年，河北省人均 GDP 6232 美元，低于同年全国 6767 美元的平均水平，而北京市和天津市当年的人均 GDP 大约相当于河北省的 2.5 倍，由此可见河北省与京津两市在经济发展水平上的差距之大。根据《2013 中国环境状况公报》数据显示，按照 2012 年新修订的空气质量标准进行评价可知，2013 年京津冀区域的 13 个城市中，达到标准的天数比例仅为 37.5%，PM 2.5 是最受关注的首要污染物，年平均浓度高达 106 微克/米^3，远远超出其 35 微克/米^3 的二级限制标准，超标倍数高达 2.03 倍；13 个城市的 PM 10 也全部超标。作为首都的核心城市北京市 2013 年达标天数也仅为 48.0%，PM 2.5 是主要污染物，年均浓度达到 89 微克/米^3，超标率高达 1.54 倍。[②] 在当年全国 74 个开展监测的城市[③]中，空气污染最严重的 10 个城市中，京津冀区域的城市就占据了 7 个，且敬陪末座的最差的 5 个城市也都在京津冀区域内（见表 7.3）。作为全国具有重要政治影响的京津冀区域，严重的环境污染引起了广泛的关注，而长期化、机制化地开展区域环境的协同治理便被提上了议事日程，并被纳入京津冀协同发展等国家区域发展战略中予以统筹安排和深入推进。

---

① 《京津冀协同发展规划纲要》提出，推进交通、生态环保、产业 3 个重点领域率先突破。

② 超标倍数的计算公式为：超标倍数 =（监测值 − 标准值）/ 标准值。

③ 因数据获得受限，本书有些统计数据未能包括拉萨市。

表 7.3 2013—2021 年全国空气污染最严重 10 个城市的分布和变化

年份	城市（从污染最严重开始排序）	京津冀区域占据个数
2013	邢台、石家庄、邯郸、唐山、保定、济南、衡水、西安、廊坊、郑州	7
2014	保定、邢台、石家庄、唐山、邯郸、衡水、济南、廊坊、郑州、天津	8
2015	保定、邢台、衡水、唐山、郑州、济南、邯郸、石家庄、廊坊、沈阳	7
2016	衡水、石家庄、保定、邢台、邯郸、唐山、郑州、西安、济南、太原	6
2017	石家庄、邯郸、邢台、保定、唐山、太原、西安、衡水、郑州、济南	6
2018	临汾、石家庄、邢台、唐山、邯郸、安阳、太原、保定、咸阳、晋城	5
2019	安阳、邢台、石家庄、邯郸、临汾、唐山、太原、淄博、焦作、晋城	4
2020	安阳、石家庄、太原、唐山、邯郸、临汾、淄博、邢台、鹤壁、焦作	4
2021	临汾、太原、鹤壁、安阳、新乡、淄博、咸阳、唐山、阳泉、渭南	1

资料来源：2013—2019 年的信息根据 2013—2019 年《中国（生态）环境状况公报》整理，2020 年和 2021 年的信息根据各年份的《生态环境质量简况》整理。

7.3.2 初始条件情况

面对区域发展过程中环境污染日趋严重的共同挑战，在京津冀协同发展国家区域战略的统筹下，通过协同组织的创建和机制导入，如建立协同治理的领导小组和召开联席会议等，将区域整体的环境治理的目标指标化，并在行政体系框架内进行层层、级级、块块的分解，然后各自围绕目标任务制定和实施治理方案、采取行动，并建立了区域限批制度、专项资金拨付制度和考核问责制度等制度体系。区域性环境问题的严重性已经形成了广泛的社会压力和民众急盼改善的共同期待，直面和应对它们具有时间的紧迫性和任务的艰巨性，而任务驱动型模式依赖于传统的行政官僚体系，可以依靠强大的政府组织能力和动员力量，通过自上而下的、完整的行政层级进行目标确认、压力传导、激励约束。

7.3.3　基本运行机制

（1）设立跨部门、跨地区、跨层级的协同治理组织

为应对跨域环境公共事务协调的需要，设立了区域环境协同治理的跨域组织，明确了职责范围，并通过部省间的联席会议机制予以解决联防联控过程中所需要的目标动员、资源调配、纠纷协调和督促落实等工作。形成比较稳定的常态化合作治理的起始年，是在 2013 年 9 月国务院制定和实施了《大气污染防治行动计划》^①之后。2013 年 10 月，成立了由京津冀区域的 6 个省区市和国家 7 个部委组成的大气污染防治协作小组，其间因机构改革、联合防治需要等因素，在组成成员上也进行了调整，至 2018 年 9 月，总共召开了 11 次协作小组全体会议，统筹安排大气污染防治中的跨域协作问题（见表 7.4）。

（2）确立定量化的指标目标并逐层分解实施

围绕最为严重和突出、社会最为关注的问题，设立了可测度的主要污染物的浓度降低的指标目标率（细颗粒物的平均浓度及其下降比例）和环境质量改善的综合性指标（空气质量优良率的反面指标重污染天数及减少比例），把这些核心的环境治理指标目标化，并作为整体环境协同治理的最终目标，以此组织资源和采取集体行动来努力实现。设定总体指标目标，然后通过纵向的逐层、横向的逐块进行分解落实。

从表 7.5 可以看出，从 2017—2020 年的 4 个年度中，京津冀区域的环境治理目标设置上更加趋向细化，从前面 3 个年度把 5 个月的冬季作为整体来设置目标，到 2020—2021 年度中，因考虑当年空气质量受新冠肺炎疫情的影响而划分为两个时段。

---

① 按照环保界的惯例，以下简称"大气十条"。

除了核心的环境治理的指标目标，还会设置为达到核心目标的其他相伴随的过程性、手段性的指标目标，如围绕"产业、能源、运输和用地"等四大结构调整所设置的过剩钢铁产能退出和缩减、"散乱污"企业综合整治、煤改电、煤改气等清洁取暖、公路转铁路、工业炉窑专项整治、宣传教育等具体的目标指标和数量值，同时也设定了完成的时限（见表 7.6 的示例）。

表 7.4　京津冀环境治理组织的变迁

起始时间	治理主题	涵盖的政府主体	执行机构	领导机构
2013 年 10 月	大气污染防治	京津冀区域的 6 个省区市：京、津、冀、晋、鲁、内蒙古；国家 7 个部委：环保、发改、工信、财政、住建、气象、能源等	在北京市环保局设立协作小组办公室，负责日常工作	协作小组。组长为北京市委书记，副组长为国家环境部门和京津冀三地政府的主要负责人，其他部委和京津冀区域周边政府的负责人为成员
2015 年 12 月	环境执法联动	京津冀 3 个省级政府	未获知相关信息，不详	未获知相关信息，不详
2015 年 5 月	大气污染防治	在 2013 年的基础上，京津冀区域的 7 个省区市：增加豫；国家 8 部委：增加交通部	协作小组办公室	协作小组
2017 年 8 月	2017—2018 冬季污染攻坚	京津冀区域的 7 省市；国家 10 部委：环保、发改、工信、公安、财政、住建、交通、工商、质检、能源等。在之前基础上，增加了工商、质检	协作小组办公室	协作小组

续表

成立时间	治理主题	涵盖的政府主体	执行机构	领导机构
2018年7月	大气污染防治	京津冀区域的7省市：京津冀、晋鲁豫；国家9部委	在生态环境部设立领导小组办公室，负责日常工作	领导小组。组长为国务院副总理。副组长为国家环境部门和京津冀三地政府的主要负责人。成员13人：国务院副秘书长、发改、环保、工信、公安、财政、住建、交通、气象、能源等国家部委和京津冀区域周边4地政府的负责人为成员
2018年9月	2018—2019冬季污染攻坚	京津冀区域的7省市；国家12部委：在之前基础上，增加了资源、商务、应急、市场监管	领导小组办公室	领导小组办公室
2019年9月	2019—2020冬季污染攻坚	京津冀区域的7省市；国家10部委：在2018年的基础上调出了资源、商务	领导小组办公室	领导小组办公室

资料来源：根据环保部《大气污染防治简报》、京津冀大气污染攻坚方案等资料整理。

表7.5　京津冀区域大气环境治理的核心指标目标

年度	细颗粒物（PM 2.5）平均浓度同比下降比例（%，2017—2020）、平均浓度（微克/米³，2020—2021）	重度及以上污染天数同比减少比例（%，2017—2020）、重度及以上污染天数（天，2020—2021）
2017—2018	15以上	15以上
2018—2019	3左右	3左右
2019—2020	4	6

年度		细颗粒物（PM2.5）平均浓度同比下降比例（%，2017—2020）、平均浓度（微克/米³，2020—2021）	重度及以上污染天数同比减少比例（%，2017—2020）、重度及以上污染天数（天，2020—2021）
2020—2021	2020 年 10—12 月	63	5
	2021 年 1—3 月	86	12

资料来源：根据京津冀区域 2017—2020 年 4 年的"大气污染治理攻坚方案"统计汇总。秋冬季是指当年 10 月到次年 3 月。

表 7.6 京津冀区域环境治理的配合性指标目标示例

项目类别	具体内容	时限和指标目标
产业结构	钢铁产能压减退出 / 万吨	2018 年：河北 1000 以上、山西 225、山东 355
	钢铁行业有组织排放浓度，烟气颗粒物、二氧化硫、氮氧化物 /（毫克/米³）	各自小于等于：10、35、50
能源结构	散煤替代 / 万户	2018 年 10 月底前，"2+26"城市合计 362：北京 15、天津 19……
	燃气锅炉低氮改造台数 / 台	2018 年 10 月底前，天津 222、河北 353、山西 17、山东 182、河南 278
运输结构	重点港口集装箱铁水联运数量的上升比例 /%	大于 10
	城市建成区"六类"物流配送车型中的清洁能源车辆占比 /%	2020 年：80
用地结构	城市平均降尘量的限值 /（吨/月·平方千米）	小于等于 9
	建筑工地的在线及视频系统的安装要求 / 米²	大于等于 5000 的所有土石方施工

续表

项目类别	具体内容	时限和指标目标
基础能力建设	高架源自动监控要求：排气口高度/米、数据传输效率比例/%	大于45、90
	机动车监控系统中，固定式和移动式的数量/套	18年12月底，10、2
保障措施	本地关于大气污染攻坚的落实方案和任务分解完成时限	18年9月底前
	月调度、月排名、季考核	每月的5日各地报告污染防治重点任务完成情况，每月对完成任务迟缓的地方下发预警，每季度对完成目标任务不佳的地市进行环保约谈
	宣传教育，地方电视台报道突出环境问题及整改（播出时长/分钟）	周一到周五，不少于3

资料来源：根据《京津冀及周边地区2018—2019年秋冬季大气污染综合治理攻坚行动方案》进行分类整理。

（3）有机联系的共同行动体系

通过采取多手段、多措施的共同行动，将环境治理的目标予以细化落实。整体来看，共有五大共同行动，并构成相互联系和交织的系统。

一是联席会议跨域协调。关联区域的各地方政府和中央政府的相关职能部门，在领导小组的统筹下，召开联席会议进行跨域环境治理问题的协调，并将设定治理目标、制定实施方案、组织贯彻落实、进行效果评估等"决策—执行—评估反馈"等环节联结起来。

二是区域环境规划编制。在多部门、多地区的参与下，围绕区域环境治理的目标任务、功能布局、重点难点、重大工程、重要举措、协调配合和资源保障等，共同进行区域环境规划编制，将京津冀作为一个整体单元，推进区域环境规划的编制、实施和管理。如将"生态环境保护规划"作为京津冀协同发展的专项规划予以编制实施，同时也在区域环境污染防治、区域排污许可证管理、大气污染控制等方面进行基于京津冀区域整体的短期、中长期的规划编制和实施。

三是环境评价区域会商。环境影响评价制度是将建设项目和产业布局、土地利用规划等引发的环境影响预先进行评估并提前采取相应对措施，并纳入前置审批环节及事关项目能否合法建设的制度安排，为克服分区域的环境影响评价只考虑本地影响的弊端，因此，引进了环境评价区域会商制度，将各类规划、建设项目等的环境影响置于京津冀区域整体性的意义上进行评估，并提出整体性的防治方案，进而克服单区域评价的不利影响。

四是产业转移环境监管。为克服因环境监管弱化致使产业转移的"污染天堂效应"，通过加强企业迁移中的环境监管，设定或提高欠发达地区的环境准入门槛，在制度设计上防止产业转移带来的污染转移。

五是多方联合执法合作。针对以流动性和普遍性为特征的跨区域环境问题，京津冀三方或周边地区的多方，进行联动执法合作，以统一的标准应对环境影响行为主体的避责行为。联合执法对象有：行政边界交接地区、城乡接合部以前那些"三不管"区域，也有针对环境损害司法鉴定、机动车和非道路移动机械排放污染、化学品和危险品的环境隐患排查等不同领域的问题。

（4）行政体系内的层层落实

从 2013 年到 2016 年，京津冀区域围绕"大气十条"的目标开展了大气污染防治的持续合作。从 2017 年到 2021 年的 5 年里，针对冬季大气污染治理问题，由（生态）环境部牵头领衔多个部委、周边省份发布"攻坚方案"，并对重点任务分工、责任部门和完成时限等予以明确。然后，各个省、区、市县据此制定和发布"实施细则""实施方案"，这样就构成了一个行政体系内层层落实的体系。如：京津冀区域的多个国家部委、数个周边省级政府制定和发布"行动方案"后，山东省、济南市和济南市章丘区分别制定和实施了各自落实"行动方案"的省政府的实施细则、市政府的实施方案和区政府的实施方案。

7.3.4　协同组织演变

（1）环境治理的组织变迁：从对等型向权威型转变体现适应性治理的需求

协调组织的演变，以问题解决为导向，重在调动和聚合达成治理目标的资源，进行不同主体、层级的协调，进而优化管理流程，并体现出适应性的特征。由最初的松散联系到后来的紧密联系，由围绕重大事件开展的临时性协作迈向针对改善区域整体环境质量的体系化合作。

2018年7月，国务院办公厅正式发布专门文件，作为京津冀区域大气合作治理领导机构的协作小组，在运行5年后，升级成为领导小组，领导组长也由北京市委书记升格为国务院副总理，处理日常工作的办公室由原来的北京市环保局上升为国家环保主管部门（见图7.3）。这样的组织变迁，反映出对等型区域向权威型介入的转变，是因应协同治理难度的增加而提高组织层级的适应性变迁，以求提高协调的权威性和政策的执行力。

（2）区域环境治理空间范围的变化：从粗线条到精细化

从一开始的单城市、单地区的省域范围内的内部治理，走向跨城市和跨省域的联合治理；而联合治理的空间范围也呈现适应性变迁的特征。环境治理的空间范围经历了围绕京津冀的核心城市北京、天津的周边总

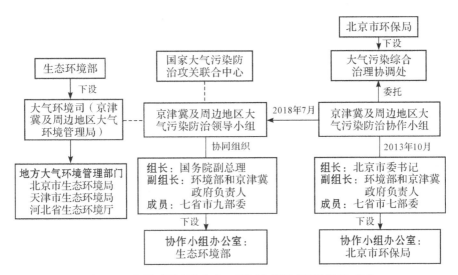

图 7.3　京津冀区域大气环境治理协同组织的变化

资料来源：在李牧耘等（2020）文献的基础上进行了修改。

共 6 个省域，到后来的 7 个省域；从"2+4"核心区的 6 个城市，到"2+26"城市这样的变化（见表 7.7）。这样从省域到城市、由广泛的区域覆盖到尺度缩小的地理单元的环境治理空间范围的变化，折射出区域环境治理随着认识水平的提高和治理目标完成的需要，不断向精准施策方向转变的趋向。其中，通过专家学者与政府部门领导的互动，在科学技术的支持下，随着理性认识的提高，围绕京津冀"空气传输通道"进行合作治理区域范围的扩大、缩小的调整。由最初的省级区域层面的粗线条的合作演变为以城市为治理实施单元的调整，体现出环境治理行动实施政策单元更加趋向精细化和精准化。

表 7.7 京津冀环境治理区域范围的演变

开始或实施时间	合作治理的缘由、事项、主题	涵盖区域范围
2006 年 12 月	2008 年北京奥运会的空气质量保障	京津冀及周边地区 6 个省域：京、津、冀、晋、鲁、内蒙古
2013 年 10 月	大气污染防治	京津冀及周边地区 6 个省域：京、津、冀、晋、鲁、内蒙古
2015 年 5 月	大气污染防治	京津冀及周边地区 7 个省域：京、津、冀、晋、鲁、内蒙古、豫
2015 年 5 月	大气污染防治重点控制区	北京和天津 2 市，河北省的唐山、廊坊、保定、沧州 4 市，即所谓的 6 个 "2+4" 大气污染防治核心区
2017 年 2 月	大气污染防治	"2+26" 城市：京津 2 市；河北省的 8 市、山西省的 4 市、山东省的 7 市、河南省的 7 市
2018—2020 年	打赢蓝天保卫战	"2+26" 城市：同上行

资料来源：根据已有的政策文件进行分析整理。

（3）治理主体扩展：部省、省省协调与市县的联动，并引入专家进行分类施策，但核心力量全都在行政体系内

在前期开展过如北京、张家口等地的水源涵养生态补偿合作，再发展到后来的区域大气污染治理合作并形成了联防联控的机制，推动跨部门、跨省的共同参与和集体行动，其间也同时进行关于地市县区之间的联系合作，如天津市与沧州、唐山 2 市，北京市与保定、廊坊 2 市，通州、武清和廊坊等地的环保合作。2017 年 9 月，通过引入专家，推动建立 "一地一策" 的跟踪研究制度；组建了 28 支研究团队，分别进驻京津冀区域的 28 个城市，进行因地制宜、有的放矢的跟踪研究，并提出针对性的对策建议，防止不顾实际推行统一要求的 "一刀切" 问题，努力提供 "一地一策" 的差别化大气污染防治方案。

这样的发展演变虽然使治理主体更为多元、合作形式和内容更为丰富，但是作为任务驱动型治理模式的治理主体，无论是地方政府之间，还是国家部委和地方之间，更多还是局限于政府层级内部，而引入的专家、公众等异质性的治理主体在区域环境协同治理中所起的作用有限。

7.3.5 激励约束机制

（1）将环境指标目标完成情况与新增项目审批挂钩的区域环评限批制度

项目建设事关地区的经济增长、税收规模和人群就业，也与地方政府的领导干部的升迁密切相关，晋升的"政治锦标赛"（周黎安，2017：161-186）理论对此已有深刻揭示。依据国家环境保护的基本法[①]和京津冀区域环境治理的政策，建立了将环境指标目标完成情况与新增项目审批挂钩的区域限批制度。从中央政府对各省级政府、各省级政府对所管辖的区域两个层次，未完成国家设立的环境质量目标或者突破了一定时期内国家重点污染物总量控制指标的地区，将会暂停审批或严格控制这些环境质量未达标或排放超标地区的新增建设项目的前置审批环节的"环评"文件。对于未如期完成大气环境治理规划任务，同时环境空气质量状况出现严重恶化的地区，将通过暂停审批或严格控制这些城市的环境影响评价文件审批的项目建设监管环节，进而限制新增大气污染物的排放。[②] 这样的挂钩制度，从严控建设项目的审批上给地方施加

---

① 详见 2014 年新修订的《环保法》第四十四条"国家实行重点污染物排放总量控制制度"的相关条文。

② 详见《国务院办公厅转发环境保护部等部门关于推进大气污染联防联控工作改善区域空气质量指导意见的通知》（国办发〔2010〕33 号）。

控制重点污染物和改善区域环境质量的压力，并与环境质量的目标指标制度相联结。为避免区域限批制度的无谓损失和严格控制的扩大化，也设置了免除条件，如对污染防治、循环经济、生态恢复类等相关的环境治理和生态修复的工程及建设项目进行了制度上的"豁免"。

（2）将环境治理情况与污染防治专项资金拨付挂钩的制度

在中央和省级层面，从制度设计上，考虑大气环境质量改善的需要，在建立了中央财政大气污染防治专项资金制度的基础上，进一步建立了各个地区环境治理情况与中央财政污染防治资金的拨付额度相挂钩的制度：对于完成区域环境质量目标任务显著的地区，增加专项资金予以激励；对于未达到区域环境质量目标任务或完成进展迟缓的地区，减少专项资金予以惩戒。

2013 年，中央财政首次设立了大气污染防治专项资金，并采用 3 项因素——目标期内污染减排数量、治理投入额度和作为重要污染物的 PM 2.5 的预期减少比率——后续进行各省份的资金分配的年度则将专项资金的使用绩效评估与下一个年度的资金划拨相联系。随着"大气十条"的实施，从 2013 年到 2017 年，中央财政大气污染专项资金分别为：50 亿、98 亿、106 亿、112 亿、160 亿元；为配合新一轮"蓝天保卫战"的目标实施 [①]，从 2017 年到 2020 年，专项资金分别为：200 亿、250 亿和 250 亿元；从 2013 年到 2020 年的 8 年来，大气污染防治预算资金额度不断提高，增长了 5 倍之多。在投入结构上，主要以京津冀区域、长三角和汾渭平原等大气污染治理的三大重点区域为主，以 2020 年为例，上述三大区域的预算额度占全国的比例高达 91.59%，其中前两大区域所

---

① 见《国务院关于印发打赢蓝天保卫战三年行动计划的通知》（国发〔2018〕22 号）。

涉及的 7 个省域就占全国总体预算的 86.70%、占三大区域的 94.66%。[①]

（3）将目标任务制和督促检查制融合在一起、兼顾过程和结果的考核问责制度

在政府行政主导下，将环境治理作为底线性的保底任务，作为各级政府的基本职责，并建立了将目标任务制和督促检查制融合在一起、兼顾过程和结果的考核问责制度。通过空气质量的月度、半年和年度的排名，并向上级或协同组织汇报和向社会公布等方式，将上级压力和公众压力、组织目标和社会期待等动力结合起来，形成各个地区在环境治理目标达成和进度进展的竞争和比拼的格局。同时，环境治理改善不力情况下的上级环保部门对下级政府的环保约谈、中央和省级的环保督察，向下传导环境治理的压力。应用"党政同责"和"一岗双责"的制度安排，将经济增长和环境保护的责任压实在党政主要负责人的肩上，克服了之前只有政府及其主要负责人承担环境治理责任所引发的合力分散、责任推诿、目标发散等局限。

7.3.6 治理模式评价

（1）大部分污染物指标的浓度下降明显，协同治理行动在环境治理绩效上具有效果，但仅限于可测度、可考核的指标

任务驱动型治理模式源于突出环境问题治理的迫切需求，也围绕核心的污染物下降和环境质量改善的指标设定治理的目标，因此，环境治理的效果是衡量其成效的最直接的体现。

首先，从环境治理的直接效果看，无论是以"大气十条"实施的

---

① 依据财政部各个年份的大气污染防治资金省际分配数据进行计算。

2013 年作为起始点，还是以 2014 年京津冀协同发展战略提出后，签订了京津冀区域环保率先突破协议的 2015 年作为起始点，或者以协作小组升级为领导小组的 2018 年作为起始点，在 2013—2019 年的 7 年间，除臭氧这个指标不降反升外，其他 5 项污染物指标，如 PM 2.5、PM 10、二氧化硫、二氧化氮和一氧化碳等污染物的浓度都呈现下降的态势（见图 7.4），其中最受关注的细颗粒物在 2013—2017 年间下降比例达到 39.63%，仅次于二氧化硫的降幅。2020 年，京津冀区域"2+26"城市的 PM 2.5 年均浓度降低为 51 微克／米 ^{3}，同比下降 10.5%。2003—2021 年，全国空气污染最严重的 10 个城市中，京津冀三地的城市由原来的 7 个减少为 1 个（见表 7.3）。但是，环境质量的改善受诸多因素的作用，这样表面上的污染物指标浓度的下降，不能说明全是由协同治理所取得的效果。

其次，从采取一定方法后的协同治理政策实施效果上分析，根据王恰等人（2019）的研究，研究得出京津冀区域的"2+26"城市除二氧化氮外的其他 5 项单项污染物浓度在协同治理政策实施后显著降低，协同行动取得预期效果。但是，根据本书通过双重差分模型的评估研究，协同治理行动取得的效果呈现差异性：如果以空气质量指数为被解释变量，大气污染协同治理有效改善了综合性的空气质量；但是以 6 种分项污染物浓度作为被解释变量的估计结果显示，只有二氧化硫取得了预期的下降效果，而 PM 2.5、PM 10、二氧化氮、一氧化碳、臭氧等 5 项污染物的指标，均未通过显著性检验[1]，表明协同治理对这些污染物浓度的变化尚未产生明显的趋势性影响[2]。

---

[1] 详见第 8 章的表 8.5。

[2] 具体见第 8 章的分析。

再次，综合而言，任务驱动型模式调动资源聚焦于广受关注的核心治理指标，对于可测度、可考核的指标完成的效果显著，但会忽视那些不可测度、不被纳入考核的指标。如臭氧的危害性也很大，也受天气变化、产业能源等结构的综合影响，但长期未被纳入区域环境协同治理的考核指标体系，是造成该指标不降反升的主要原因之一。[①]

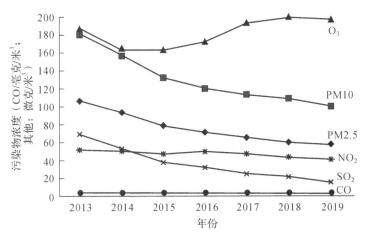

图 7.4　京津冀区域大气环境治理的效果

注：单位为浓度（CO：毫克/米³；其他：微克/米³）。根据 2013—2019 年的中国（生态）环境状况公报统计计算，这里京津冀区域的范围是指：2013—2017 年为京津冀三地的 13 个城市；2018—2019 年为京津冀及周边的"2+26 城市"。

（2）高强度压力型的任务驱动治理，短期内虽然有助于指标目标的完成，但也存在层层加码、一刀切等突出问题，长效机制有待建立

受任务驱动治理模式本身的运行机制所决定，对于突出的、可显示、可测量和考核指标，短期内能取得较为突出的治理成效，但长期机制缺

---

① 针对臭氧浓度上升问题，"十四五"大气污染防治规划中，将针对臭氧的两项前体物挥发性有机化合物、氮氧化物设计减排目标。详见：科技日报. 蓝天保卫战升级臭氧将成"十四五"治理重点. http://www.xinhuanet.com/energy/2020−05/19/c_1126002347.htm.

乏。以区域地方政府为关键的治理主体，更多的是一种自上而下的压力型执行，在信息不对称和多级委托代理机制下，难免存在选择性、粉饰性等策略行为，存在层层加码、一刀切等突出问题，也会出现不顾实际的盲动、不考虑实际和难兼顾其他社会、经济目标，只为或主要为环境目标而行动的现象。京津冀区域也曾发生过为达到环境治理目标而采取对企业断水断电、关闭企业、不顾实际和不计成本地强行推进"煤改气"和"煤改电"等现象，并造成了环境问题社会化甚至政治化的不良影响。

从横向比较看，2019 年，京津冀区域的 6 项污染物指标中，比全国平均水平都要高；在全国三大空气质量控制区中，除二氧化硫与汾渭平原相同外，京津冀区域其他 5 项污染物指标都是最高的；与二级空气质量标准对比看，除二氧化硫和一氧化碳两项指标达到标准，其他 4 项指标都是超标的。① 由此可见，京津冀区域的空气质量治理之路仍然任重而道远。

（3）任务驱动型模式实现了行政体系内部的资源整合和功能整合，更多采用命令控制型的治理手段，但没有将更多异质性主体吸纳进来，持续的动力机制有待探索

任务驱动型模式通过政府强力动员和组织，采取命令控制型的治理手段，外在压力如何能形成内在动力是其的基本挑战。直接治理主体局限于行政体系内，政府强力主导，企业主动性不强，公众参与也很不足。企业更多的是被动的治理对象，专家和技术单位在前期环境形势研判和区域划分、监测、污染源解析等上表达意见，也在政府组织下参与"一地一策"实施方案的制定，但广大普通公众的积极性没有被充分调动起

---

① 见第 8 章的表 8.1。

来，上级和外部力量撤出后，能否持续运行就成为该模式的主要挑战。

（4）未来需要在扩大参与主体，提高地方的能动性和自主性，构建长效的动力机制上着力

经过未来一定时段的治理，区域整体环境质量改善后，环境治理的压力和迫切性减小，这种情况下，通过扩大治理主体，引入更多如排污交易、生态补偿等市场激励性的手段，着力于激发内在动力的长期机制建立，并做好成本效益的分析，以治理绩效的评价和反馈不断改进治理的方式，进而提高治理的效率，并努力构建长效的机制。

7.4 对等型多元互动模式

    广东和香港地理相邻，社会经济联系都比较紧密和广泛。区域环境系统本身具有开放性和共享性的属性，鉴于两地对区域环境协同治理的共同需要，两地达成了共同合作改善区域环境质量的共识，也采取了共同的行动，并将环保合作作为粤港两地整体合作的重要领域加以不断推进。

    粤港两地环保合作最早可追溯到 20 世纪 80 年代初，其后于 1990 年，两地成立了"粤港环境保护联络小组"，初步开展双方在污染控制等方面的协调工作。1999 年，将原"联络小组"更改为"持续发展与环保合作小组"，通过下设的专家小组和 8 个专题小组等组织形式，旨在推进跨域环境治理上的协作（王玉明，2018）。随着国家和广东省环境标准的提高，珠三角地区 5.6 万多个港资工厂面临着技术升级、成本降低和竞争力提高的挑战，2007 年 12 月，香港环境事务委员会首次提议推行"清洁生产伙伴计划"的建议，意在通过协助在香港和珠三角的港资企业尤其是中小企业通过采用清洁生产技术、减少污染来提升竞争力并达到不断提高的环保新要求。清洁生产（Cleaner production，CP）是针对以往末端治理注重治理忽视预防的弊端而产生的一种主动预防的环境策略，不仅关注生产过程的污染防治，而且也扩展到了服务过程和产品过程（陈润羊等，2014）。

2008 年 4 月，投入总额 9300 多万港元的"清洁生产伙伴计划"开始实施（万军明，2009）。从 2008 年 4 月到 2020 年 3 月的 12 年间，实施了三期计划，香港特区政府投入了 2.93 亿港元，已经资助将近 4000 个项目，并取得了显著的环境和经济成效，也形成了系统化、持续化的区域环境协同治理的机制。而新一期的计划延展 5 年到 2025 年，总投入额高于前三期 12 年的总和，达到 3.11 亿港元（见表 7.8）。

表 7.8　"清洁生产伙伴计划"的实施期次和资金投入情况

期次	起止时间	投入资金 / 亿港元	主要项目类别
第一期	2008 年 4 月至 2013 年 1 月	0.9306	认知推广、实地评估、示范项目、核证改善
第二期	2013 年 4 月至 2015 年 3 月	0.5	技术推广、实地评估、示范项目、核证改善
第三期	2015 年 6 月至 2020 年 3 月	1.5	实地评估、示范项目、机构支持、跨行业技术推广
第四期	2020 年 4 月至 2025 年 3 月	3.11	实地评估、示范项目、机构支持、跨行业技术推广

资料来源：依据香港特区立法会网站公布的历期 CP3 总结报告整理。

7.4.1　环境经济背景

"清洁生产伙伴计划"实施初始期的 2008 年，广东经济在遭受金融危机冲击的情形下，GDP 增速虽然降低，但经济总量仍然位居全国第一，人均 GDP 达到 5369 美元，是当年全国平均水平 3468 美元的 1.55 倍。2008 年，香港人均 GDP 已达到 3.15 万美元，是同年广东、全国平均水平的 5.87 倍、9.09 倍[①]，由此可见，广东经济发展水平在全国虽具有优势，但与香港的差距巨大。

2008 年，包括香港在内的珠江三角洲城市群（9 城市）空气质量指数值有 71.08% 处于国家空气质量标准的 Ⅰ－Ⅱ 级水平，超标的Ⅲ、Ⅳ 和 Ⅴ 级分别为：21.41%、5.87% 和 1.64%。二氧化硫、二氧化氮、臭氧和可吸入颗粒物的浓度年均值分别为：39 毫克 / 米^3、45 毫克 / 米^3、51 毫克 / 米^3 和 70 毫克 / 米^3。[②] 同年，全国重点城市二氧化硫、二氧化氮和可吸入颗粒物的浓度年均值分别为：48 毫克 / 米^3、34 毫克 / 米^3 和 89 毫克 / 米^3。[③] 因此，从全国范围的平均水平来看，珠江三角洲城市群是全国空气质量较好的地区，且香港好于广东，即使如此，与世界上的发达城市相比，珠江三角洲城市群在环境质量方面仍有一定差距。较为发达的经济发展水平和进一步改善区域环境质量的共同需要，是该模式的基本环境经济背景。

7.4.2　初始条件情况

粤港地理相邻、生态相依、社会经济联系紧密，作为公共产品的区域环境协同治理是两地的共同需求。由于粤港地区整体环境质量较好，没有短期改善的压力和迫切性，这就为探索更为持久、更具自主性的环境治理模式创造了条件。珠三角区域的社会经济发展水平较高，是改革开放的前沿阵地，企业尤其是包括港资在内的民营企业、外资企业发展

---

① 根据"快易理财网""数据"条目提供的 2008 年世界各国（经济体）人均 GDP 数据进行统计分析所得，见：https://www.kylc.com/stats/global/yearly/g_gdp_per_capita/2008.html。

② 广东省环境监测中心、香港特别行政区环境保护署《粤港珠江三角洲区域空气监控网络 2008 年监测结果报告》，见 http://gdee.gd.gov.cn/kqjc/。

③ 环境保护部 .2008 年中国环境状况公报 .

迅速，在广东省总体经济格局中占据重要的地位。该区域的市场开放度和市场化程度都很高，区域间和企业间都具有"学习"的需要和便利。珠三角毗邻香港，粤港两地因社会经济联系紧密、文化交流频繁，具有多方位、多领域合作的长期历史。香港的资本主义制度实行已经超过100 年，粤港两地的合作为不同经济和社会制度条件下的磨合和学习提供了机会。香港的社会组织发育较为成熟，广东的社会组织、环境技术服务市场发展也比较充分，为多元互动治理创造了条件。

7.4.3　基本运行机制

（1）粤港共同确立环境合作的目标，建立环境合作机制，并通过持续的合作计划加以推进

粤港环境合作与广东省内的区域联防联控制度建立，以及延伸而建立的粤港澳三地合作网络相互交织推进，并探索、形成了一套有机运行的环境治理体系。从粤港澳整体的视角分析，三地通过联席会议、环保协议等途径，在环境监测网络建立、清洁生产标准统一、环境质量计划推进、联防联控制度构建等方面进行了有益的探索（见表7.9），也已经形成了持续合作的机制，并取得了环境和经济方面的实效。正是得益于环境的合作治理，不同于京津冀区域，经济快速增长的广东省在 2015—2018 年的 4 年间全省的空气质量都达到了国家环境标准，2018 年珠三角的细颗粒物降低到 32 微克 / 米^3，该区域是我国环境质量较好的地区，且已退出了全国重点污染防治区的政策实施范围（中共中央组织部，2019）。

表 7.9　广东省内及粤港澳之间环境合作演进中的关键节点

时间	合作主题和意义	标志性事件
1990 年	初步开展双方在环保方面的协调工作	两地成立了"粤港环境保护联络小组"
1999 年	推进跨域环境治理上的协作	将原"联络小组"更改为"持续发展与环保合作小组"，下设 1 个专家小组和 8 个专题小组
2002 年 4 月	实施空气质量管理，合作减少空气污染排放	粤港两地形成《改善珠江三角洲地区空气质素的联合声明（2002—2010）》
2003 年 12 月	我国首个跨境大气管理计划	《珠江三角洲地区空气质素管理计划（2002—2010 年）》
2005 年 11 月	建立面向公众开放的跨越粤港两地的空气质量监测网络	建立粤港珠江三角洲区域空气监控网络
2008 年 4 月	香港设立资金资助在粤港资企业	首期"清洁生产伙伴计划"启动实施
2008 年	在全国率先建立省域内部的区域污染联防联控机制	由分管环保的广东省副省长牵头建立大气污染防治联席会议制度
2009 年 8 月	粤港双边环保合作的制度化成果	《粤港环保合作协议》
2010 年	将属地管理与跨域治理结合起来	广东省发布并实施珠三角《清洁空气行动计划》
2011 年 11 月	粤港设定了 2015 年和 2020 年的减排目标	发布和实施《空气质素管理计划（2012—2020 年）》
2013 年 6 月	粤澳双边环保合作的制度化成果	《粤澳环保合作框架协议》
2014 年 9 月	粤港澳三边环保合作的制度化成果	《粤港澳区域大气污染联防联治合作协议书》
2014 年 9 月	把空气质量监测范围由粤港两地扩展至粤港澳三地，优化了区域空气监测网络	粤港澳珠江三角洲区域空气监控网络，实时发布珠三角地区的空气质量信息
2014 年 11 月	深入推进两地清洁生产方面的合作	《粤港清洁生产合作协议》
2016 年 9 月	粤港双边环保合作的制度化成果	《2016—2020 年粤港环保合作协议》

续表

时间	合作主题和意义	标志性事件
2017 年 3 月	粤澳双边环保合作的制度化成果	《2017—2020 年粤澳环保合作协议》
2020 年 4 月	持续推进清洁生产	第四期"清洁生产伙伴计划"开始实施

资料来源：根据已有的文献和政府官方网站资料整理。

环境合作是粤港两地全面合作的重要领域，其中在大气环境方面的合作比较有代表性。早在 2002 年开始，粤港两地政府就已经达成了合作减少空气污染排放的共识，并于次年 12 月通过了《空气质素管理计划》，设立了各自的 4 种主要空气污染物的减排目标和行动措施，经过两地的联合评估，2010 年，对 4 种空气污染物香港全部实现减排目标，珠三角除挥发性有机化合物（VOC）因设定计划初未能预判经济、人口、汽车等发展水平且国家没有将其纳入环境标准而没有实现外，其他 3 项指标也全部实现预期目标。2011 年 11 月，新一轮的《空气质素管理计划》开始实行，经粤港双方评估认为，2017 年，双方已实现各自 2015 年的空气污染减排目标，并共同设立了 2020 年的目标（见表 7.10）。目前粤港也已就 2020 年后的环境合作目标进行了磋商。

表 7.10 粤港大气污染减排目标和实际减排成效

污染物	地区	2010 减排目标 / %	2010 年实际减排削减率 / %	2015 年减排目标 / %	2015 年实际减排削减率 / %	2020 年减排目标 / %
SO$_2$	香港特区	40	−56.7	−25	−45	−55
	珠三角经济区		−45.0	−16	−25	−28
NOx	香港特区	20	−29.5	−10	−14	−20

续表

污染物	地区	2010 减排目标 / %	2010 年实际减排削减率 / %	2015 年减排目标 / %	2015 年实际减排削减率 / %	2020 年减排目标 / %
NOx	珠三角经济区	20	−20.2	−18	−22	−25
PM 10	香港特区	55	−59.0	−10	−20	−25
	珠三角经济区		−58.7	−10	−14	−17
VOC	香港特区	55	−58.8	−5	−14	−15
	珠三角经济区		−26.2	−10	−11	−20

注：根据两轮"空气质素管理计划"及其评估报告整理。2010 年的目标和消减是以 1997 年为参照，2015 年和 2020 年的目标是以 2010 年为参照的；珠三角涵盖 9 个城市。

（2）构建协同治理的组织体系

港粤两地政府分别由常设部门香港特区环境保护署和广东省工信厅负责"清洁生产伙伴计划"的协调和组织工作，香港特区政府专门设立了监督实施该计划的项目管理委员会并审批资助申请，项目管理委员会以生产力促进局为执行机构，负责日常工作。协同组织的框架体系具体详见图 7.5。

2014 年 11 月，粤港两地政府签署了《粤港清洁生产合作协议》，达成在"粤港合作联席会议"下设立"粤港清洁生产合作专责小组"的共识，专责小组于 2015 年 2 月成立，促进了区域清洁生产和环保合作的深入开展。

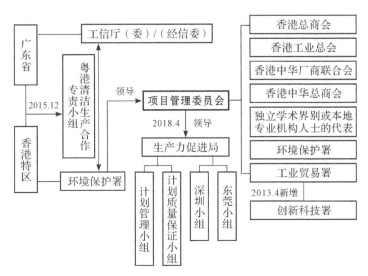

图 7.5 粤港区域环境治理合作的组织框架

（3）以重点类别项目资助促进企业和行业清洁生产的技术应用和研发

通过香港特区政府的资金投入，资助从珠三角到广东全省的港资企业尤其是中小企业，通过聘请技术单位或企业自主行动，评判企业的节能环保现状、识别节能减排的机会、寻找降污增效的方案。从 2008 年到 2015 年的前两期，项目资助类别有 4 个：认知和技术推广、实地评估、示范项目、核证改善；从 2015 年开始的最近的两期，在保留实地评估、示范项目等两个类别的基础上，将之前的认知、技术推广重点转变为跨行业的活动，取消了核证改善项目，但增加了机构支持项目。这样的变化，体现了前后期都突出了企业在环境治理中主体作用的发挥，但也在后期更加注重行业协会宣传推广以及通过研讨会、工作坊、工厂考察、会议和展览等形式的清洁生产技术和作业方式的知识与成功经验分享（"清洁生产伙伴计划"资助项目类别的目的和内容详见表 7.11）。从 2008 年

4 月到 2020 年 3 月的 12 年间，总共实施各类项目 3553 个，其中，实地评估、示范项目、核证改善、机构支持项目、跨行业技术推广活动分别达到 1931、496、849、101、176 个（项），且目前已实施的清洁生产伙伴计划三期的设计目标都全部实现（见表 7.12）。

表 7.11 "清洁生产伙伴计划"资助项目类别的目的和内容

项目类别	实施目的	主要内容
认知推广	在香港及珠三角区域系统地、广泛地进行清洁生产的认知、宣传、介绍等推介活动。一般而言，企业可以免费参加	举办简报会、考察访问、培训研讨会和工作坊、会议和展览等
技术推广	促进分享采用清洁生产技术和作业方式的知识和成功经验	同"认知推广"
核证改善	专业核对和确认企业自行采取环保措施的效果	企业已经自费采取了改善污染治理的措施，CP3 资助独立的第三方技术服务机构，对企业行动的成效进行验证和评估
实地评估	辨别及分析企业存在的污染问题、基本成因，并提出改进环境管理、减少污染排放、提升能源效益的清洁生产技术方案，等同于内地开展的清洁生产审核	企业与环境技术服务供应商商谈并签订付费合同，技术单位为企业提供技术指导，进行工厂的现场调研，识别环境保护、能源利用、环境管理等方面的问题，提出无费、低费和高费等清洁生产方案
示范项目	针对各行业的特点，选择一些项目、工艺等进行先期的改进、更新，并在节约能源、减少排放、控制污染、降低消耗、增加效益等方面采取措施，让企业看到清洁生产的成效，帮助企业打消实施和推进的疑虑	通过安装环境治理或节能设备、改进生产工艺流程等途径，展示清洁生产技术应用和研发的投入和产出，潜在的经济和环境效益，为本企业和同类企业扩大和深化采用清洁生产技术提供示范

续表

项目 类别	实施目的	主要内容
机构 支持	资助非营利的行业协会和行业商会举办本行业有关清洁生产的宣传推广活动，进一步推广具有成效的清洁生产技术	通过研讨会、工厂参观、工作坊及会议等方式，增进不同业界对适用于各自行业清洁生产技术的了解和认识；举办行业展览会，展示和示范本行业及其相关的清洁生产技术；制作短片、操作守则、实用指南等宣传资料等
跨行业技术推广	帮助业界分享和推广采用清洁生产技术和工艺方式的知识与成功经验	举办研讨会、工作坊、工厂考察、会议和展览等

资料来源：根据 CP3 已有资料进行分类整理和归纳。

表 7.12　"清洁生产伙伴计划" 资助项目类别的设计目标和实际完成情况

起止时间	项目类别	设计目标	实际完成
2008 年 4 月至 2013 年 1 月	认知推广 / 项	—	—
	实地评估 / 家	800～1000	1119
	示范项目 / 个	120	149
2008 年 4 月至 2013 年 1 月	核证改善 / 个	500～1000	756
2013 年 4 月至 2015 年 3 月	技术推广 / 项	60～80	—
	实地评估 / 家	250	271
	示范项目 / 个	90	98
	核证改善 / 个	80～120	93
2015 年 6 月至 2020 年 3 月	实地评估 / 家	530	541
	示范项目 / 个	225	249
	机构支持项目 / 个	100～130	101
	跨行业技术推广 / 项	110～140	176

续表

起止时间	项目类别	设计目标	实际完成
2020 年 4 月至 2025 年 3 月	实地评估 / 家	550	待评估
	示范项目 / 个	—	待评估
	机构支持项目 / 个	70 ~ 80	待评估
	跨行业技术推广 / 项	—	待评估

资料来源：依据香港特区立法会网站公布的历期 CP3 总结报告整理。截止时间：2020 年 3 月 31 日。
—为没有查询到相关数据。

从图 7.6 可以看出，就各类项目的实施比例随时间的变化来看，认知和技术推广是整个"清洁生产伙伴计划"的基础，因此，贯穿整个实施阶段，且呈现从认知推广到技术推广再到跨行业推广不断深入、主次递进的特点；成本相对较小、旨在推广清洁生产并对企业有持续影响的实地评估项目基本一直占据着超过 50% 比例的地位；示范项目投入较大、对解决企业短期的减少污染、节约能源、降低消耗等问题具有重要作用，

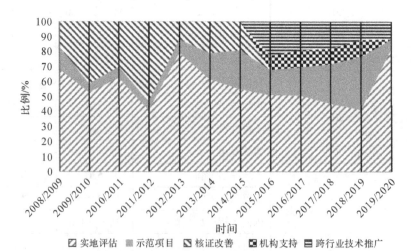

图 7.6 "清洁生产伙伴计划"分期资助项目类别的变化

资料来源：依据香港特区立法会网站公布的历期 CP3 总结报告整理。截止时间：2020 年 3 月 31 日。

所占比例位居其次；核证改善项目主要集中在首期和二期，从第三期开始，因已经大面积地实施，资助企业核对自主改善环保措施的成效意义已经不大，因此后续就再没有实施该项目；机构支持项目资助香港的行业协会举办本行业的活动，并与粤港两地跨行业技术推广共同构成了宣传推广的总体格局。

（4）用政府资金引导企业在环境治理和技术改进方面投入的运作方式，旨在促进企业的内生行动

认知和技术推广、机构支持项目都是在外围的清洁生产理念、程序和效益等方面的推介，而在关键的涉及企业的资助类别上，先后总共有4个项目类别：实地评估、示范项目、核证改善和机构支持。在实地评估项目上，最高限额从 1.5 万港元到 4.5 万港元不断提高，但占项目总费用的资助比例却一直都是 50%（见表 7.13）。这类实地评估项目，实际中更多是聘请专业的技术咨询单位或企业自身进行清洁生产的审核，虽然各地、各企业情况不同，但仅以清洁生产审核费用而言，政府的总资助额度是低于支付给技术单位的咨询服务费用的，缺额的一部分可由广东省或企业所在的地市、区县政府通过补贴、以奖代补等形式弥补，剩余部分则由企业自行承担。

在政府资金支持的运作方式上，对每个资助项目的类别做出了占项目总费用额度的资助比例和最高限额的规定（见表 7.13）。这样的运作方式的设计，一方面有利于大面积地推广清洁生产的技术理念和实施方案，另一方面让企业适度投入避免了企业只为追逐政府资金而去申请和参与的短期行为，并将末端治理的节能减排方案与源头控制的清洁生产技术工艺、管理体系等有机结合起来，政府资金投入诱导企业主动和积极地承担环境治理的主体责任。

表 7.13　"清洁生产伙伴计划"资助项目类别额度的比例和限额

起止时间	实地评估	示范项目	核证改善	机构支持
2008 年 4 月至 2013 年 1 月	50、1.5	50、16	100、1.5	无
2013 年 4 月至 2015 年 3 月	50、2.5	50、30	100、2	无
2015 年 6 月至 2020 年 3 月	50、2.8	50、33	取消	90、—
2020 年 4 月至 2025 年 3 月	50、4.5	示范项目（Ⅰ）：50、45 示范项目（Ⅱ）：50、65	取消	90、—

资料来源：依据香港特区立法会网站公布的历期 CP3 总结报告整理。

注：资助额度的比例（占项目费用 ≤、%）、最高限额（万港元）；示范项目（Ⅰ）为鼓励工厂广泛采用有效的清洁生产技术，示范项目（Ⅱ）为鼓励工厂研发及创新的清洁生产技术；—为未知信息，经多次查询，没有明确的"机构支持"项目最高限额的规定，但从已经公布的 2015—2019 年的 17 个典型的"机构支持"项目的统计看，平均资助额 30 万港元，最高资助额没有超过 50 万港元的（见表 7.16）。

7.4.4　协同组织演变

（1）分期持续推进：注重进展评估和效果反馈

该计划分期实施，每期实施过程中和实施后都会进行进展评估和效果总结，因每期的环境和经济效益都很显著，因此，决定延展了 3 次，从 2008 年 4 月开始一直延展到最新一期的 2025 年 3 月。

（2）环境治理重点的拓展：由空气污染和能源消耗控制到水污染控制和循环利用、由笼统意义上的大气污染控制到特定污染问题

"清洁生产伙伴计划"推出和实施的初衷在于减少空气污染的排放，并围绕资源消耗和污染突出的 8 个行业[①] 展开，这也是该计划前期实施的主要着力点。但随着该计划的推进，环境治理的内容在已有大气污染

[①]　纺织业、印刷和出版业、金属和金属制品业、非金属矿产品业、化学制品业、食品和饮品制造业、造纸和纸品制造业及家具制造业。

控制的基础上，还增加了改善水环境、推进循环利用等工作，这样治理的内容更加广泛和丰富，将清洁生产的节约能源、减少排放、降低消耗和增加效益的四大核心理念充分地体现出来。最新一期的计划的治理重心在于鼓励企业采用减少挥发性有机化合物（VOC）、氮氧化物（NOx）排放的技术和工艺。

（3）实施区域范围的扩大：由珠三角9市到广东省全省

在第一期和第二期的从 2008 年 4 月到 2015 年 3 月的 7 年间，该计划实施的区域范围为珠三角地区的 9 个城市，从 2020 年 4 月到 2025 年 3 月的第三期开始，便扩大了实施的区域范围，将整个广东省所涵盖的 21 个地级以上市全部纳入进去。

7.4.5　激励约束机制

（1）粤港联合授予"粤港清洁生产伙伴"标志，助力企业绿色形象和绿色文化的建设，提升企业的市场竞争力

在"清洁生产伙伴计划" 实施后第二年的 2009 年 8 月，为鼓励相关企业持续推进清洁生产，粤港两地政府又推出了"粤港清洁生产伙伴"标志计划，对积极参与"清洁生产伙伴计划"且成效卓著的制造业企业、供应链企业和技术服务商授予"粤港清洁生产伙伴"标志（见表7.14）。在认定程序上体现了粤港两地多部门合作的原则，先通过香港生产力促进局进行实地评估，再由香港环保署，广东省工信厅、环境厅和科技厅等部门组成联合小组进行联审，经公示无异议才进入授牌环节。不同年份选择在粤港两地其中的一地，通过联合举行有众多领导干部、企业、媒体参加的表彰和授牌仪式，向经过申报、审核达到"粤港清洁生产伙伴"标志条件的企业颁发印有广东省经信厅（现工信厅）和香港特区环境局

字样的证牌。在有效期内，获得"粤港清洁生产伙伴"标志的企业可以通过商业宣传、媒体报道等获得消费者、投资者和劳动者的关注，利于产品和服务销售、吸引投资和员工招聘。

表 7.14 "粤港清洁生产伙伴"标志企业的类别情况

企业类别	授予对象和目的	实施年份	有效期限 / 年
（制造业）标志企业	在清洁生产有良好表现的港资企业	2009	2
（制造业）优越标志企业	持续推行清洁生产并获得显著成效的港资企业	2015	2
（供应链）标志企业	与参与"清洁生产伙伴计划"的企业具有采购业务且表现突出	2009	2
（技术服务）标志企业	提供良好环境技术服务的技术单位	2010	1

资料来源：根据广东省工信厅等网站查询所得资料整理。

2009—2020 年的 12 年间，总共授予"粤港清洁生产伙伴"标志的企业有 1655 家，其中，制造业优越标志、制造业标志、供应链标志、技术服务标志企业分别为 354、1058、37、206 家，分别占全部标志企业的比例为 21.39%、63.93%、2.24%、12.45%（见表 7.15），而制造业优越标志和制造业标志合计占比达到 85.32%，因此，制造业是获得"粤港清洁生产伙伴"标志企业的主体。

（2）政府从观念、资金和政策、项目上的全方位协助，并以企业的技术进步和工艺改进为关键着力领域，激发了企业自主治理的内在动力

参与"清洁生产伙伴计划"的企业，除了获得上述已经分析过的香港特区政府的资金支持下的技术服务外，"粤港清洁生产伙伴"标志企业还可以获得广东省及其地市的污染防治、园区循环化改造、绿色发展、

表 7.15　"粤港清洁生产伙伴"标志企业的数量和比例

年份	2009	2010	2011	2012	2013	2014	2015	2016	2017	2018	2019	2020	类型小计 / 家	类型比例 / %
制造业优越	—	—	—	—	—	—	73	69	87	50	36	39	354	21.39
制造业	48	91	111	109	85	80	74	61	79	75	116	129	1058	63.93
供应链	3	4	6	3	3	4	3	2	2	2	3	2	37	2.24
技术服务	—	20	20	24	16	18	13	17	16	26	25	11	206	12.45
年份小计 / 家	51	115	137	136	104	102	163	149	184	153	180	181	1655	100.00

资料来源：根据广东省工信厅官方网站和其他权威媒体上公布的第 1～12 批的"粤港清洁生产伙伴"标志企业名单进行数量汇总和统计。一为当年没有实施该标志计划，所统计的企业数量包括续期的企业。

节能降耗、能源管理中心平台建设等专项资金的一次性奖励，也可具备这些政府专项资金项目库的直接入库资格，后续也会具备获得相应项目支持的机会和优势。如现行的政策是，当年组织申报的专项资金和项目入库（包括预备）工作，针对的是之前 1 ～ 3 年的"粤港清洁生产伙伴"的标志企业，而优越伙伴（制造业）标志企业和普通伙伴（制造业）标志企业，将分别得到 8 万元 / 家、5 万元 / 家的奖励。

在粤港两地政府资金的支持下，在实施"实地评估""示范项目"等基础上，同时还有"跨行业技术推广活动""粤港清洁生产伙伴"标志表彰和授牌仪式等一系列的资金、项目、技术支持，综合作用下的企业在环境治理中的角色发生了巨大的转变，由环境治理的政府监管对象转变为既是监管对象也是行为主体，从被动的污染防治的"末端治理"走向清洁生产的"源头治理"，切实发挥了企业本身的责任主体作用。在技术升级和绿色企业文化建设下，企业的竞争力得到提高，产品和服务的销售会得到扩大，这些都将有利于形成持续的环境治理的动力。

（3）构建了政府、企业、行业协会、技术服务商和公众等多种类型主体共同参与并各得其所的协同治理格局

在"清洁生产伙伴计划"的实施中，构建了多元主体共治和共享的协同治理格局。关于企业所获得的收益，前面已经充分论述，不再赘述。对于粤港两地政府而言，投入了资金，服务了企业，也改善了环境，促进了社会多元主体的共同参与，也激发了环保和节能行业的发展。如图 7.7 所示，实地评估和示范项目重点资助的是资源消耗和污染严重的八大行业。对于行业协会来说，通过"机构支持"项目，得到政府的资金支持，开展技术推广和本行业的宣贯工作，发挥了连接政府与所属企业、服务本行业的功能，且提高了组织能力和对企业的吸引力（见表 7.16），

2015—2020 年，17 个"机构支持"项目，由各类行业协会举办宣传推广活动涉及 101 项，吸引了 9 万多人次的参与，取得了广泛的影响。对于技术单位而言，成为技术服务商，获得了政府资金，扩展了业务空间，在服务企业中提升了技术水平和专业能力。自 2008 年以来，共有 261 家公司登记成为"清洁生产伙伴计划"下的环境技术服务供应商，其中 110 家以香港为基地、145 家以广东省为基地，其余 6 家为区外或海外公司。而广大的公众是环境协同治理的最终受益者，享受了环境质量改善和企业技术进步带来的效用。2015—2020 年，开展了 176 项"跨行业技术推广"活动，并吸引 1.7 万人参与（见表 7.17）。

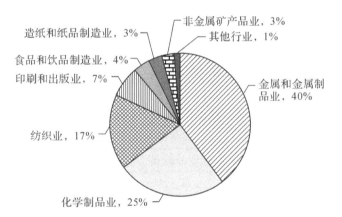

图 7.7 2015—2020 年实地评估和示范项目的港资工厂的行业分布

资料来源：香港特区立法会《审核二零二零至二一年度开支预算管制人员对财务委员会委员初步书面问题的答复》。

注：其他行业包括发电厂、汽车维修工厂、雨伞制造业、文艺用品制造业、通风设备制造业和牙科用品制造业。

表 7.16 香港特区行业协会在"机构支持"项目下所开展的活动

申请单位	开展活动的项目名称	获资助金额 / HK$
香港能源服务协会有限公司	制造业能源效率和低碳发展趋势	279258.30
毛织创新及设计协会有限公司	推广香港毛织业清洁生产交流发展	299070.00
香港印刷业商会	印刷业清洁生产可持续发展	105120.00
香港策划工程师学会有限公司	推广建筑物料业的清洁生产	282645.00
香港中华厂商联合会	向制造业推广清洁生产技术及管理	210600.00
香港能源服务协会有限公司	促进制造业对清洁生产、低碳和节能技术的认识	225720.00
毛织创新及设计协会有限公司	推广香港毛织业的生产及可持续发展	421695.00
环保汽车维修同业联会有限公司	推广汽车制造维修业的清洁生产可持续发展	125595.00
香港衣车协会有限公司	向制衣机械业推广节能降耗	466290.00
香港印刷业商会	印刷业清洁生产—重点耗能管理及 VOC 处理	188280.00
香港羊毛化纤针织业厂商会有限公司	推广香港羊毛及化纤业的清洁生产及可持续发展	453429.00
香港可降解塑料协会有限公司	香港可降解塑料业的可持续发展	139410.00
香港无纺布协会有限公司	香港无纺布业清洁生产水准提升	415350.00
香港皮业商会有限公司	香港皮革业的清洁生产推广	495900.00
毛织创新及设计协会有限公司	毛衫制造业清洁生产技术荟萃	342477.00
香港印刷业商会	印刷业的清洁生产新领域	406966.50
香港线路板协会有限公司	线路板的绿色制造	331033.00
平均		305225.81

资料来源：根据 CP3 实施情况的资料整理。

表 7.17　2015—2020 年机构支持项目和跨行业技术推广项目的活动情况

单位：次，人次

项目类别	工厂考察	研讨会及工作坊	行业或环保展览会	宣传短片	实用指南	其他	活动数	参与人次
机构支持项目活动	25	41	11	21	3	0	101	90000
跨行业宣传推广活动	69	89	13	0	0	5	176	17000

资料来源：根据 2015—2020 年 CP3 总结报告整理。

7.4.6　治理模式评价

（1）参与"清洁生产伙伴计划"的企业取得了显著的环境和经济效益，大珠三角区域除个别指标外的大部分大气环境质量指标得到显著改善

首先，从参与"清洁生产伙伴计划"的企业的角度分析。2008—2020 年的 12 年间，已经实施的 3 期"清洁生产伙伴计划"中，总共已实施涵盖空气污染物减排、节约能源和污水排放减控等技术的示范项目 488 个，从可衡量的示范项目的效益看，已经取得了比较突出的环境效益和经济效益。如：挥发性有机化合物、二氧化硫、氮氧化物、二氧化碳、污水的减少排放量分别为 1.058 万、0.222 万、1.067 万、104.8 万、1010.8 万吨，其中，二氧化碳和污水的减排量最为可观；同时，为参与"清洁生产伙伴计划"的企业节省能源 9000 太焦耳，节能效益达到 11.92 亿港元（见表 7.18）。

表 7.18 第一期至第三期"清洁生产伙伴计划"的环境和经济效益

期次	示范项目数 / 个	环境效益：年污染物减排量					经济效益：节约能源	
		挥发性有机化合物 / 吨	二氧化硫 / 吨	氮氧化物 / 吨	二氧化碳 / 万吨	污水 / 万吨	节省能源 / 太焦耳	节能效益 / 亿港元
第一期	149	480	520	370	11	210	950	0.72
第二期	90	7900	700	9300	84	780	6700	10
第三期	249	2200	1000	1000	9.8	20.8	1350	1.2
小计	488	10580	2220	10670	104.8	1010.8	9000	11.92

资料来源：依据香港特区立法会网站公布的历期 CP3 总结报告整理。截止时间：2020 年 3 月 31 日。

其次，从大珠三角区域空气质量情况进行分析。从表 7.19 和图 7.8 可以看出，2008—2019 年的 11 年间，该区域的 6 项污染物指标中，除臭氧的浓度不降反升外，其他 3 种污染物都大幅下降，二氧化硫、二氧化氮、可吸入颗粒物的降幅分别达到 80.56%、25.00%、35.38%，二氧化硫的降幅最为明显和突出；2015—2019 年，细颗粒物和一氧化碳的降幅分别为 13.79%、4.11%。由此可见，大珠三角区域的空气环境质量得到了大幅改善。当然，区域环境质量的变化是多重因素综合作用的结果，但"清洁生产伙伴计划"的实施无疑是其重要的助力之一。

表 7.19 2008—2019 年粤港大珠三角区域环境质量的变化

年份	二氧化硫	二氧化氮	臭氧	可吸入颗粒物	细颗粒物	一氧化碳
2008	36	40	46	65	—	—
2009	26	38	51	64	—	—
2010	23	39	49	59	—	—
2011	21	37	53	59	—	—
2012	17	35	49	52	—	—
2013	17	37	49	59	—	—

续表

年份	二氧化硫	二氧化氮	臭氧	可吸入颗粒物	细颗粒物	一氧化碳
2014	14	34	52	50	—	—
2015	12	30	47	44	29	0.730
2016	11	32	44	41	26	0.728
2017	10	31	52	45	28	0.665
2018	9	29	53	42	25	0.611
2019	7	30	60	42	25	0.700
降幅 / %	−80.56	−25.00	30.43	−35.38	−13.79	−4.11

注：数据来源于粤港澳珠江三角洲区域空气监控网络，6 项污染物指标的单位，除一氧化碳为毫克 /
米³ 外，其他均为微克 / 米³；6 项污染物指标的降幅，细颗粒物和一氧化碳是 2019 年与 2015 年的
比较，其他 4 项为 2019 年与 2008 年的比较。

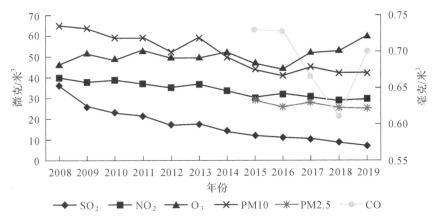

图 7.8　2008—2019 年粤港大珠三角区域 6 项污染物指标的变化

注：数据来源于粤港澳珠江三角洲区域空气监控网络，6 项污染物指标的单位和坐标轴，
除一氧化碳为毫克 / 米³ 且为右侧坐标轴外，其他均为微克 / 米³ 且为左侧坐标轴。

**（2）探索形成了不同制度环境下不同区域主体、不同行为主体采取
多种手段推进区域环境协同治理的新路径**

在区域环境协同治理中，粤港不同的社会经济制度在磨合中寻求环
境合作的着力点和具体执行计划，且把珠三角 9 个城市内部的跨域协作

整合起来。值得肯定的是，将整体预防的思想落实到企业的环保战略上，着力协助企业从"末端控制"向"清洁生产"转变，努力克服污染产生后处理面临的高成本、低效率的不足，并把清洁生产审核、技术工艺改进、环境管理体系优化等作为"源头治理"的主要手段，深入推进污染控制技术、节约能源技术的应用，努力提高企业自主治理的意愿和能力，并调动技术机构和社会组织的力量和积极性，形成地方政府引导、技术机构和社会组织深度介入、企业承担主体治理责任的多元共治格局。同时，以绿色形象和绿色品牌等环境文化建设为诱导，使污染生产者的生产型企业在技术进步中获得环境治理的收益，激发企业的内在动力，进而带动更广泛企业及其所属行业更持续的环境治理。

（3）激发和促进了企业在环境治理中承担主体责任的意识和能力，但对政府自身的治理能力和水平提出了新的要求

政府通过资金撬动和项目支持，在第三方咨询机构的技术支持下，诱导企业追加污染治理和工艺改进方面的投入，企业更多从改进技术的角度推进资源高效利用和降低消耗，激发和调动企业本身的内生动力。标志企业授牌、媒体报道等有助于企业绿色文化建设、塑造企业的绿色形象，也可获得进一步的专项资金和项目的支持，获得社会认同并扩大企业产品的市场占有率。在企业和行业之间的技术推广和项目示范，吸引更多的企业参与和社会公众关注。发挥了企业的主体作用，促进了行业协会等社会组织的成长和壮大，提高了民众的环境意识和参与能力。但多元互动需要政府前期巨大的资金投入，且在时间上具有一定的持续性，同时，要求政府在兼顾环境效率和社会公平正义上能有一套完整有序的体系。面对数量众多的企业，遴选哪些企业进行项目支持和技术示范且能保护和调动更广泛的企业参与积极性，无疑对政府治理能力提出了更高的要求，这就需要建立一套涉及信息公开、项目支持标准、资金申请和资助方式、意见投诉和反馈等方面的有机程序。

（4）面向未来，在已经形成的多元主体共治格局下，如何超越粤港双边从而迈向粤港澳三方合作的具体路径还需继续探索

多元互动意识和能力的提高，是一个长期的过程。粤港"清洁生产伙伴计划"尽管已经进行了有益的探索，但在将来，当政府所有的资助计划退出后，企业如何应对不断提高的环境标准无疑是对其自主治理能力的考验。现有的区域环境协同治理中有益探索形成的经验，在粤港内部需要通过法律等形式进行固定化，在外部也需要进行推介。同时，随着粤港澳大湾区战略的实施，现有的粤港双边合作也需要上升到三边合作的框架里去谋划和推进大珠三角区域的环境治理工作。

7.5 区域环境协同治理模式的比较

本章 7.3、7.4 节的分析是基于实践的案例分析和总结，本节试图在上述分析的基础上进行抽象概括，以求对区域环境协同治理模式的治理结构和特点有一个理论性的把握和认识。

7.5.1 对等型任务驱动模式

（1）模式的治理结构

对等型任务驱动模式的治理结构可以概括为：地理相邻、生态相依的区域，在区域环境治理共同需求的驱使下，区域地方政府经过平等协商，让渡自身的部分权力并予以授权，进而搭建多部门参与的协同治理组织，以解决环境公共事务为导向，达成或签订合作协议、合作倡议、合作申明，围绕比较"柔性"的行动倡议和共同的价值目标（对于已有合作基础和信任的地区而言），或者努力形成区域共同价值（对于合作初始阶段或吸纳新成员的地区而言），并通过政府的"条块体系"予以推进和实施。但对于比较紧迫性的区域环境问题则会制定和实施共同行动的方案，将完成指标目标需要的措施和手段按照参与协同治理网络的辖区内层层、块块的结构进行分解并尽可能明确时限和数值要求，以限定时间、设置目标、确立责任单位和个人等为突出表现，再通过跨部门、跨地区的联席会议、行动小组等协同组织形式，依靠行政体系和协同网络进行激励约束，努力调和"属地管理"与"跨域治理"的矛盾冲突（见图7.9）。

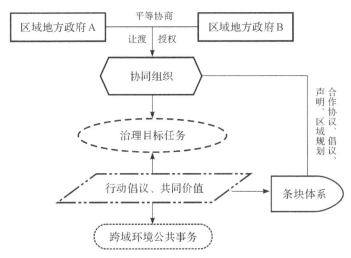

图 7.9　对等型任务驱动治理模式的结构

（2）模式的治理特点

该模式的主要治理特点有三：一是核心治理主体为区域地方政府，主要表现为平等协商下的地方政府之间的合作，协同是行政体系内部跨部门、跨地区针对跨域环境公共事务的协调。在治理主体上更多是政府成员内部化的调整和变化，没有引入更多的关于市场和社会的主体，企业更多是环境规制的对象。二是治理驱动力是围绕共同的价值目标，制定和实施相关合作的计划和行动，并采取相应的集体行动。三是采取命令控制型的治理工具，也会应用相对柔性的手段，如区域环境保护规划、环境合作倡议等，而市场激励型和自愿参与型的治理手段应用较少。

7.5.2 权威型任务驱动模式

（1）模式的治理结构

权威型任务驱动模式的治理结构可以概括为：地理相邻、生态相依的区域，面对环境治理的共同需求，区域地方政府在上级政府的介入下，通过多部门、多地区的共同参与，以应对核心的环境公共事务为导向，制定环境治理的指标任务，将完成指标目标需要的措施和手段按照"层层、块块"的结构进行分解并尽可能明确时限和数值要求，围绕比较"硬性"的共同行动方案，动员和配置各方面的资源，再通过跨部门、跨地区的联席会议等协同组织形式，制定实施方案，依靠行政体系的执行系统进行目标确认、压力传导、激励约束，高层次的领导小组的介入，努力调和"属地管理"与"跨域治理"的矛盾冲突，并以考核、检查、环保督察、环保约谈、环境排名、公开表彰等为施加压力和进行激励的治理工具，在上级和公众的高度压力下，区域主体以求在期限内完成设定的目标任务。而在此过程中，为保底完成目标任务，也会出现层层加码、一刀切等现象（见图7.10）。

（2）模式的治理特点

该模式的主要治理特点有三：一是核心治理主体为上级政府和区域地方政府，主要表现为上级政府（如中央政府）统筹下的地方政府之间的合作，协同是行政体系内部跨部门、跨地区针对跨域环境公共事务的协调。在治理主体上更多是政府成员内部化的调整和变化，没有引入更多的关于市场和社会的主体，企业更多是环境规制的对象。二是治理驱动力是直接围绕环境治理的核心目标任务，制定和实施数值化、指标化的目标体系，并按照"条块体系"进行任务的分解，进而围绕环境治理的核心目标任务展开动员资源、分配注意力，并采取相应的集体行动。三是治理工具的属性主要是命令控制型的手段，如考核、检查、环保督察、环保约谈、环境排名、公开表彰等，较少使用市场激励型和自愿参与型的治理手段。

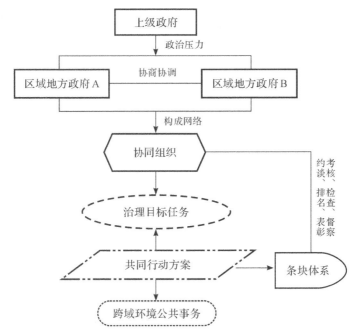

图 7.10　权威型任务驱动型治理模式的结构

7.5.3　对等型多元互动模式

（1）模式的治理结构

对等型多元互动模式的治理结构可以概括为：为了更好地改善区域环境质量，面临区域环境共同治理需求的地方政府，在平等协商的沟通和协调下，达成共同治理的共识并拟订行动计划，探索形成区域地方各级政府、工业企业和供应链企业、以行业协会为代表的社会组织、技术单位及普通公众等多元主体共同治理的格局，并通过宣传教育、资金支持、项目推动、技术服务、经验分享、绿色形象塑造等多种手段，激发和促进各个异质性的环境治理主体的内在动力和行动能力，形成区域环境协同治理的多元互动格局。与任务驱动型治理模式不同的是，对等型多元互动模式虽然不直接设定环境治理的指标目标，但通过多元主体的协同参与，也会取得跨域公共事务治理的积极成效（见图7.11）。

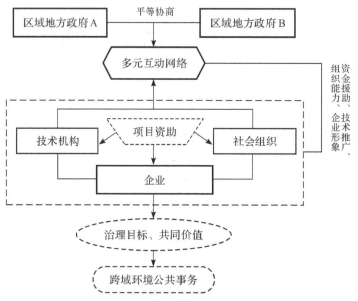

图 7.11　对等型多元互动治理模式的结构

（2）模式的治理特点

该模式的主要治理特点有三：一是核心治理主体为地方政府，主要表现为地方政府之间通过平等谈判进行环保合作，但也将其他主体，如企业、社会组织吸引进来共同参与环境治理，因此治理主体是多元化的。二是治理驱动力是政府、企业、社会组织围绕或形成区域共同价值而共同行动，其中项目资助下的企业自主治理发挥重要作用。区域环境治理的目标任务的完成与企业自主治理之间是间接的关系，也就意味着企业经过自主治理并达到要求，就是对区域整体治理目标的贡献。作为市场主体，也是污染产生主体的企业（主要是工业生产型企业）成为环境治理的行为主体。三是治理工具的属性主要是市场激励型和自愿参与型的治理手段，当然也会适当配合使用命令控制型手段。

7.5.4　三类治理模式的比较分析和综合评判

（1）三类治理模式的比较

表 7.20 对 3 类区域环境协同治理模式进行了详细的分解比较，主要从治理实质，直接参与的治理主体，治理对象，治理的核心主体，协同治理中生产型、环境技术服务型企业及社会组织的角色，环境治理的优势和不足，适宜性等 9 个方面进行了分项、分层的比较分析。

（2）三类治理模式的评判

区域环境协同治理模式是国家治理制度尤其是环境治理制度的区域表达，整体上受制于国家治理制度本身的演进逻辑，与此同时，其也受区域资源禀赋、地方政府治理体系和能力、外部市场竞争开放情况、社会组织发育程度、跨域环境公共事务解决的紧迫性等因素的综合影响。特定时空条件下的区域环境协同治理模式，是哈耶克（Hayek）意义上的"演化理性"和"建构理性"共同作用的产物，因此其既有内嵌于制度、文化、习俗的自发性，也具有人为的设计、诱导的目的性。

因此，每一类区域环境协同治理模式都是应对跨域环境公共事务治理需要并结合国家和地方的治理体系和能力的综合产物，治理模式虽有治理特点和治理绩效的差异，但在其理性价值上没有高低好坏之分。国家整体的治理结构是区域环境协同治理模式的制度背景，但各个区域因环境经济情况、资源禀赋、原有合作基础等因素千差万别，因此，也会

表7.20　3类区域环境协同治理模式的比较

模式类型 比较项目	对等型任务驱动	权威型任务驱动	对等型多元互动
代表案例	京津冀区域大气环境合作治理（前期）	京津冀区域大气环境合作治理（后期）	粤港环保合作中的"清洁生产伙伴计划"
治理实质	对等政府协商基础上的政府合作治理	上级政府介入下的政府合作治理	地方政府诱导下的企业自主治理
直接参与的治理主体	对等政府、企业、专家	上下级政府、企业、专家	政府、企业、行业协会等社会组织、技术单位
治理对象	跨域环境问题和公共事务	跨域环境问题和公共事务	跨域环境问题和公共事务
治理的核心主体、主导动力、协同工具和激励约束	平等地方政府，主导动力；平等协商的合作；领导小组、联席会议，无约束力的合作协议；合作协议；声明、区域规划等	上下级政府，自上而下的政治压力；领导小组、联席会议，有约束力的合作合同；合作合同；考核、督察、约谈、排名等	政府（地方政府）；平等协商的合作共赢；领导小组、联席会议，合作协议；资金援助、技术推广、组织能力、企业形象等
协同治理中企业（生产型）的角色、行动收益、企业责任培育可能	被动的监管对象；较少机会的项目，资金支持，不被断水断电断气、关闭、停产；营利最大化、成本最小化仍是首要考虑	被动的监管对象；较少机会的项目，资金支持，不被断水断电断气、关闭、停产；营利最大化，成本最小化仍是首要考虑	主动的行为主体，较大机会的资金、项目，绿色企业形象及其长期竞争力的提高；营利目标将环保视为并纳入其社会责任
协同治理中企业（环境技术服务型）的角色、行动收益	中立的行为者，没有创造新的商机	中立的行为者，没有创造了新的商机	积极的行为主体，新创造了商机，技术服务中发展壮大

续表

模式类型 比较项目	对等型任务驱动	权威型任务驱动	对等型多元互动
协同治理中社会组织的角色、行动及其收益	被动的接受者，没有充分调动起来	被动的接受者，没有充分调动起来	积极的行为主体，在社会服务中增强行业凝聚力
环境治理的优势和不足	行动一般、见效一般、政府投入较少、有一定的持续性	行动迅速、见效较快、政府投入量少但社会成本较高，持续性成为主要挑战	前期政府投入大、企业也要配合投入、见效相对较慢，但效果具有持续性
适宜性	区域环境污染一般、具有改善环境质量的共同需求	区域环境污染严重、具有短期改善的紧迫性和压力	环境质量较好，没有短期改善的压力

形成各有特色的区域性的环境治理模式。

相对而言，任务驱动型模式受国家治理结构和特点的影响更大，在治理运行和激励机制等方面具有与国家治理的共性，同时，这种针对环境治理的区域模式，在其他地区、其他领域也有类似的反映，如珠三角、长三角、汾渭平原与京津冀区域的协同治理模式就具有本质上的一致性，而交通整治、食品安全等领域的治理与环境治理也具有很大的相似性。而多元互动型模式相对受国家治理结构和特点的影响较小，地方自主探索的成分更大，尤其是在粤港两种不同社会经济制度的交互融合下而形成，因此，就具有一些差异性、异质性更强的特征，但对于相关问题的解决，亦具有很强的借鉴意义。因区域环境协同治理模式具有系统开放性、区域适应性、不断演化性等特点，这里选取的案例尽管都已有 10 年以上的历程且也形成了相对稳定的格局，但其本身也具有随环境经济形势、法律制度等因素改变而改变的特性。这就需要在现实情况发生重大变化、原有环境治理模式运行一定时间后，继续进行跟踪研究。

7.6　本章小结

　　本章在界定了区域环境协同治理模式的内涵的基础上，提出了区域环境协同治理模式的分类逻辑，分别对两个典型性案例所代表的 3 类治理模式进行了深入分析，再从整体上对 3 类区域环境协同治理模式的治理结构和治理特点进行了比较分析，并阐释了区域环境协同治理模式与国家治理制度的关系及其影响因素。

　　区域环境协同治理模式，是基于实践探索和发展的环境治理综合属性的理论抽象和高度概括，是关于跨行政区域的、跨主体的环境治理的主体、工具、动力等综合性特征的总结。区域环境协同治理模式具有开放性、动态性、演进性和交织性等特点。

　　依据反映区域主体之间的权力关系的治理结构，以及治理的驱动因素、除政府外的异质性主体参与情况等维度，从理论逻辑上讲，可以将区域环境协同治理的模式划分为 4 种类型：对等区域的一元任务驱动模式、权威介入的一元任务驱动模式、对等区域的多元互动治理模式、权威介入的多元互动治理模式，而在我国目前的环境治理实践中，在生成意义上只有前 3 种模式，最后一种模式在整体的治理形态和治理格局上呈现交织性的存在。

　　本章以代表性为主要依据，选取了两个典型案例，以前后两个阶段的京津冀区域大气污染协同治理案例代表由"对等型任务驱动模式"到"权威型任务驱动模式"的演化过程，前期为地方政府之间的合作治理，后期为作为上级的中央政府主导下的跨地区、多部门的任务驱动型治理；而粤港"清洁生产伙伴计划"案例代表了地方政府诱导下的跨地区、多主体参与的"对等型多元互动模式"。提出了一个涵盖"环境经济背景、初始条件情况、基本运行机制、协同组织演变、激励约束机制和治理模式评价"的6个维度的分析框架，其与"区域环境治理体系与机制""环境协同治理的演进"具有内在的逻辑关联。

　　特定时空条件下的区域环境协同治理模式，是"演化理性"和"建构理性"共同作用的产物，因此其既有内嵌于制度、文化、习俗的自发性，也具有人为的设计、诱导的目的性。模式来源于实践，模式不是固化的，也更不全是有益的经验。区域环境协同治理模式本身具有系统开放性、区域适应性、不断演化性等特点。每一类区域环境协同治理模式都是应对跨域环境公共事务治理需要并结合国家和地方治理体系和能力的综合产物，治理模式虽有治理特点和治理绩效的差异，但在其理性价值本身上没有高低好坏之分。简言之，不同的治理模式虽无价值上的优劣之别，但有治理效率上的高低之分。

　　在"解剖麻雀"式的案例分析基础上，概括和总结了对等型和权威型任务驱动型模式及多元互动型模式各自的治理结构和治理特点，并从治理实质，直接参与的治理主体，治理对象，治理的核心主体，协同治理中生产型、环境技术服务型企业及社会组织的角色，环境治理的优势和不足，适宜性等9个方面进行了3类"治理模式"的比较分析。从而发现：区域环境协同治理模式与一个国家整体治理结构具有密切的关系，前者是后者的区域表达，但前者也受地方政府治理体系和能力、社会组织发育程度、环境问题解决的迫切性等因素的综合影响。而任务驱动型模式受国家治理结构和特点的影响更大，在治理运行和激励机制等方面具有国家治理的某些共性，面向未来，该类模式需要以问题为导向，随着国家现代化治理体系的完善，着力提高其解决复杂跨域问题的能力。多元互动型模式相对受国家治理结构和特点的影响较小，其差异性、异质性更强，未来，区域环境治理在政府承担公共物品、履行基本职责的基础上，需要探索更有效率、更可持续的具体治理方式，这就要求更多依靠市场力量，并更加重视社会治理的作用。如何构建政府治理、市场治理和社会治理的协同推进机制，将是区域环境治理的基本趋向。

第8章 区域环境协同治理的效果

　　效果检验和评价是区域环境协同治理的关键问题，前面几章的分析，建立在区域协同治理具有环境治理效应的假设基础上，那么，区域之间的协同治理到底是否有利于环境治理的效果提升？区域环境协同治理效果又呈现怎样的异质性？协同行动如何影响协同的结果？这些都是本章即将回答的问题。本章首先梳理了环境治理效果评估既有研究进展并提出了本章的研究思路，揭示了近年来我国大气环境质量的趋势性特点，分析了以"联防联控"为代表的我国大气环境协同治理机制的形成历程；其次构建了区域环境协同治理的计量模型，并评估了大气环境协同治理的实施效果；最后得出了区域环境协同治理效果评估的基本结论和所获得的政策启示。

8.1 环境治理效果评估既有研究与本章研究思路

8.1.1 研究范围的确定

从广义上讲，区际环境治理包含生态补偿、水资源补偿、环境要素或环境系统的治理等内容，限于客观条件，依据与本研究主题的相关性及数据资料等方面的便利性，本书拟从大气环境协同治理的角度切入并进行实证检验。从环境要素构成的角度看，区域环境协同治理包括大气污染治理、流域综合治理等多方面内容。相比较而言，大气污染的流动性强、跨域性特征更为明显，因此，大气污染防治具有天然的协同治理特点。大气污染具有显著的区域性、外溢性和无界化特征（毛春梅、曹新富，2016），存在显著的正向空间相关和空间集聚特征，城市大气污染的空间依赖性较高（刘华军、杜广杰，2016），且大气污染源十分复杂，这决定了任何单一地区或部门不可能独立完成防治工作。一般而言，共同行动的大气环境治理效果要好于单独行动。近几年，中国经济发展较为快速的京津冀、长三角、珠三角等区域多次发生大气重污染事件，各地方政府积极推进大气污染联防联控进程，从规划、防控、监测、治理等多方面展开一系列合作。大气污染防治本身具有协同治理的突出特征，在现实中多区域联合治理也已有多年的实践探索，因此，本研究集中关注大气环境协同治理的实际效果。

8.1.2 相关研究的进展与不足

现有文献从理论和实证研究两个方面展开了对大气污染协同治理的机制、实施效果等的研究。在理论研究方面，王金南等（2012）指出，区域大气污染协同治理过程中，污染物总量控制目标的设定需要统筹考虑空气质量改善和污染治理两大因素。也有基于扎根理论进行跨域大气协同治理机制与制度研究的文献（李辉、黄雅卓、徐美宵等，2020）。自愿型和强制型两种类型的协同治理机制由自愿和强制两种要素构成，前者是内生动力，而后者是外生推力，协同机制需要两者的共同作用（戴亦欣、孙悦，2020）。

在实证研究方面，一些学者采用各种方法对当前大气污染跨域协同治理的效果进行了分析和科学评价。Schleicher 等（2012）的研究表明，2008 年北京奥运会期间实施的大气污染联合防治行动，有效降低了细颗粒物污染浓度。对 2014 年"亚太经合组织"会议期间大气污染协同治理的研究表明：选择协同治理城市的范围和等级对降低 PM 2.5 和 PM 10 的污染浓度至关重要（Wang, Zhao, Xie, et al, 2016）。魏娜和孟庆国（2018）认为，京津冀区域的环境协同更多表现为任务型协同。杜雯翠和夏永妹（2018）基于双重差分法的研究表明：协同治理行动对京津冀空气质量的改善作用尚未显现。此外，赵志华和吴建南（2020）采用三重差分法研究了协同治理对空气质量的影响，但实证分析未通过显著性检验。

由此可见，大气污染协同治理的理论研究，主要从定性的角度解释了协同治理的区域性特征，而已有的实证研究，通过构建各种模型检验了协同治理的效果，但目前大多数文献以重点污染地区为研究对象，或以某个城市群为研究对象,少有文献从全国层面分析协同治理实施效果;研究方法多采用传统的双重差分模型,假定处理组所有个体受到政策冲击的时间一致,但事实上并非如此。传统的双重差分模型限制了对真实世界的理论解释力,因此需要寻求更适宜的研究方法。

8.1.3　本章的研究对象和研究目标

本章依据《环境空气质量标准》(GB3095-2012),以 2012 年开始监测的全国 73 个城市[①](不包括拉萨)为研究对象,基于 2013—2018 年 73 个城市的空气质量指数以及空气质量的 6 个分项污染物——细颗粒物、可吸入颗粒物、二氧化硫、一氧化碳、二氧化氮、臭氧等总共 7 个指标的月报数据,运用多时点双重差分法实证检验区域大气污染协同治理共同行动的实施效果,进而揭示第 6 章中提出的关于协同行动对协同结果的影响作用。本章的具体研究目标有:一是科学检验目前实施的区域环境协同治理行动是否有效;二是从中得出完善环境协同治理体系的有益政策启示。

---

① 　按照《环境空气质量标准》(GB3095-2012),2012 年第一批实施空气质量监测的城市有 74 个,包括:北京、天津、石家庄、唐山、秦皇岛、邯郸、邢台、保定、张家口、承德、沧州、廊坊、衡水、太原、呼和浩特、沈阳、大连、长春、哈尔滨、上海、南京、无锡、徐州、常州、苏州、南通、连云港、淮安、盐城、扬州、镇江、泰州、宿迁、杭州、宁波、温州、嘉兴、湖州、绍兴、金华、衢州、舟山、台州、丽水、合肥、福州、厦门、南昌、济南、青岛、郑州、武汉、长沙、广州、深圳、珠海、佛山、江门、肇庆、惠州、东莞、中山、南宁、海口、重庆、成都、贵阳、昆明、西安、拉萨、兰州、西宁、银川、乌鲁木齐。鉴于相关统计数据的可获得性,本研究不包括拉萨市。

8.2 我国大气污染的状况分析

8.2.1 综合性空气质量指数的年度、月度变化

整体上看，秋冬季节的大气污染现象比较多发、频繁且严重，一方面，秋冬季的气象条件变差使得空气环境容量变小，扩散和稀释作用受限；另一方面，冬季北方地区的取暖带来能源消耗增加，进一步增加了污染物的排放。2013—2018 年全国 73 个城市的空气质量指数显示，空气环境质量最好的月份出现在 7 月或 8 月，最差的月份除 2016 年出现在 12月外，其余均出现在 1 月（见图 8.1）。从年度变化情况看，1 月的空气质量得到了大幅度提升，2013—2018 年 1 月的空气质量指数从 10.84 下降为 5.96，其间只有 2017 年出现了上升；2—11 月的空气质量在 2014年明显恶化，之后逐步得到改善，表现为空气质量指数在 2014 年明显上升后开始呈下降趋势，其中，7 月和 8 月呈持续下降趋势，2 月和 5 月只有 2017 年有上升趋势，4 月和 6 月在 2015 年较大幅度下降后缓慢下降，3 月和 11 月则在 2016 年上升趋势明显，9 月于 2018 年下降幅度较大，10 月在 2015 年和 2016 年较大幅度下降后开始缓慢上升；12 月空气质量从 2013 至 2016 年一直处于恶化状态，2017 年开始迅速好转，2013—2016 年 12 月的空气质量指数从 5.46 上升至 7.73，2018 年下降至 5.09。

与 2013 年相比，只有 1 月和 12 月的空气质量指数有所下降，空气环境质量得到一定程度的改善；与 2014 年相比，各月份的空气环境质量均得到改善，1 月份空气质量指数下降幅度最大，为 3.1，其次为 12 月，空气质量指数下降 2.04，其余月份空气质量指数下降幅度较小，尤其是 4 月和 9 月的下降幅度低于 1。

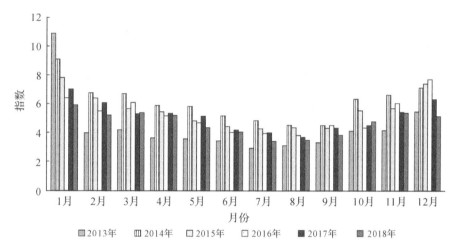

图 8.1　2013—2018 年全国 73 个城市各月空气质量指数（AQI）均值的变化情况

资料来源：根据中国环境监测总站发布的各月份《全国城市空气质量报告》数据绘制。

8.2.2　分项污染物的年度、月度变化

反映城市空气质量的分项污染物数据从 2014 年 11 月开始统计，6 种分项污染物浓度的数据显示，臭氧浓度在 1—12 月的变化趋势呈倒 U 形，即夏季污染程度高于冬季[①]，其余 5 种污染物浓度的变化均呈 U 形变化，夏季污染物浓度最低，秋冬季节浓度较高（图 8.2）。从年度变化

----

① 这与臭氧在高温、日照作用下浓度升高的季节性特征有关。

情况看，2015—2018 年，PM 2.5、PM 10 和一氧化碳浓度整体呈下降趋势，且秋冬季节下降趋势较夏季明显；二氧化硫浓度 1—12 月均呈持续下降趋势，冬季下降幅度尤为明显，1 月二氧化硫浓度从 52.86 微克 / 米³ 降低到 21.03 微克 / 米³，11 月则从 36.88 微克 / 米³ 减少为 13.92 微克 / 米³，

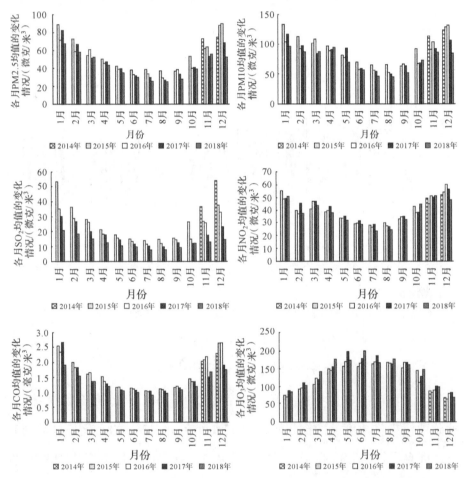

图 8.2 2013—2018 年全国 73 个城市各月空气质量分项污染物均值的变化情况

资料来源：根据中国环境监测总站发布的各月份《全国城市空气质量报告》数据绘制。

注：2014 年 11 月开始发布 6 种分项污染物的监测数据，因此，本图中按此反映。

12 月从 54.19 微克 / 米³ 降低到 15.56 微克 / 米³，5 年间这 3 个月份的年均下降幅度分别达 26%、22% 和 27%；二氧化氮浓度的变化幅度不大，没有出现明显的上升或下降趋势；臭氧浓度整体呈上升趋势，尤其是 5 月和 6 月的上升幅度较大。

8.2.3　综合性空气质量指数的区域变化

从区域分布情况看，整体上北方地区城市的污染程度较南方地区城市更为严重。2013 年，无论是 1 月还是 7 月，AQI 较高的城市集中分布在京津冀地区，而粤港澳大湾区的城市及海口空气质量指数较低。另外，由于夏季各城市空气质量普遍优于冬季，因此城市之间的空气质量差异在冬季较夏季显著。2013 年 1 月，邢台市 AQI 最高为 27.7，是最低的海口市 4.2 的 6.6 倍；7 月，唐山市 AQI 最高为 27.7，是最低的海口市 1.03 的 26.89 倍。2018 年空气质量的区域差异仍然主要体现为南北差异，但是由于各城市空气质量普遍提高，区域差异整体呈缩小态势。2018 年 1 月，西安市 AQI 最高为 10.34，是最低的海口市 2.52 的 4.10 倍；7 月，唐山市 AQI 最高为 6.04，是最低的海口市 1.48 的 4.08 倍。

8.2.4　分项污染物的区域变化

本部分通过 2018 年各分项污染物浓度反映其区域差异情况。PM 2.5 和 PM 10 浓度的区域差异基本一致，1 月浓度较高的区域集中分布在京津冀南部、长三角北部地区，其他城市的浓度相对较低，7 月浓度较高的区域则集中分布在整个京津冀地区。二氧化硫浓度在 1 月份表现出明显的南北差异，二氧化硫浓度最高的太原市是浓度最低的海口市的 13.8

倍，7月二氧化硫浓度的南北差异不太明显，浓度最高的唐山市是最低的海口市的8.7倍。二氧化硫浓度区域差异随月份的变化，与北方地区冬季煤炭消费量多有直接关系。二氧化氮浓度没有明显的区域分异，无论是1月还是7月，西安、广州、兰州、成都、乌鲁木齐、济南、苏州等城市的二氧化氮浓度均较高，海口、舟山、台州、丽水、大连等城市浓度均较低。一氧化碳浓度的南北差异较明显且不受季节变化影响，1月，邯郸市浓度最高，海口市浓度最低，前者浓度是后者的5倍；7月，唐山市浓度最高，深圳市浓度最低，前者浓度是后者的5.8倍。臭氧浓度的区域差异变化较为特殊，1月，南方地区城市臭氧浓度高于北方地区，江门市浓度最高为156微克/米^3，乌鲁木齐市浓度最低为42微克/米^3，前者是后者的3.7倍；7月，北方地区城市臭氧浓度高于南方地区，保定市浓度最高为247微克/米^3，海口市浓度最低为74微克/米^3，前者是后者的3.3倍。

8.2.5　我国总体空气污染的特点

综上所述，受气象条件及北方地区冬季取暖等因素的综合影响，秋冬季节我国大气污染现象比较多发、频繁且严重，2013—2018年全国73个城市的空气质量指数显示，空气环境质量最好的月份出现在7月或8月，最差的月份大多数出现在1月；从2013—2018年的年度变化情况看，1月的空气质量得到了大幅度提升，2—11月的空气质量在2014年明显恶化，之后逐步得到改善；6种分项污染物浓度的数据显示，臭氧浓度在1—12月的变化趋势呈倒U形，其余5种污染物浓度的变化均呈U形变化，即夏季污染物浓度最低，秋冬季节浓度较高。从区域分布情况看，整体上北方地区城市的污染程度较南方地区城市更为严重，空气质量指数较高、污染较严重的城市集中分布在京津冀地区，而粤港澳大湾区的城市及海口空气质量指数较低、环境质量较好；PM 2.5 和 PM 10 浓度的区域差异基本一致，1 月浓度较高的区域集中分布在京津冀南部、长三角北部地区，7 月浓度较高的区域则集中分布在整个京津冀地区；二氧化硫浓度在 1 月表现出明显的南北差异，7 月二氧化硫浓度的南北差异不明显；二氧化氮浓度没有明显的区域分异；一氧化碳浓度的南北差异较明显且不受季节变化影响；臭氧浓度的区域差异变化较为特殊，1 月南方地区臭氧浓度高于北方地区，7 月北方地区臭氧浓度则高于南方地区。

表 8.1 2019 年全国和"三大大气污染重点防治区域"的污染情况

区域 / 标准	PM 2.5	PM 10	臭氧	二氧化硫	二氧化氮	一氧化碳
全国平均	36	63	148	11	27	1.4
京津冀区域	57	100	196	15	40	2.0
汾渭平原	55	94	171	15	39	1.9
长三角	41	65	164	9	32	1.2
二级标准	35	70	160	60	40	4

资料来源：根据《2019 中国生态环境状况公报》整理，6 项污染物的单位为浓度（一氧化碳：毫克 / 米^3，其他：微克 / 米^3）。评价标准依据为《环境空气质量标准》（GB 3095-2012）。
注：全国总共有 337 个城市；京津冀区域是所谓的"2+26"城市；长三角包含 41 个城市；汾渭平原包含 11 个城市。

从全国平均水平层面分析，2019 年，环境空气质量标准规定的 6 项基本污染物中，PM 2.5 超出二级标准，其他 5 项指标都在二级标准范围内。2019 年，我国空气质量未达到标准的城市就占到所有监测的 337 个地市的 53.4%，意味着一半以上的监测城市空气质量未能达标。2020 年和 2021 年，新冠肺炎疫情造成停工停产，不达标的城市的比例分别降为 40.1%、35.7%，但这两年的数据不具有可比性和趋势性。从重点区域来看，珠三角早在 2017 年在细颗粒物的浓度上率先达标；在目前的"三大大气污染重点防治区域"中，京津冀区域污染最为严重，汾渭平原次之，长三角相对较好。从分项污染物看，除二氧化硫、一氧化碳和二氧化氮"三大区域"未超标外，其他 3 项指标存在不同程度的超标现象；PM 2.5 仍是首要污染物，目前"三大大气污染重点防治区域"的 PM 2.5 均超过国家环境空气质量二级标准；PM 10 除长三角外，其他两大区域都超标；"三大区域"的臭氧也都超过二级标准（见表 8.1）。[①] 由此可见，近年来我国的空气质量得到了较大的改善，但与高质量发展阶段的新要求和人民对美好生活的新期待相比尚有较大差距，因此，实施区域环境的协同治理、进一步提升环境治理的获得感就势在必行。

---

① 本著作提交阶段，2020 年和 2021 年的《中国生态环境状况公报》业已公布，但考虑新冠肺炎疫情造成停工停产等非正常经济活动这一特殊情况，这两年的数据不具有可比性和趋势性，因此，仍然选用 2019 年的数据进行分析，但在其他章节涉及的分析上，根据需要以最新的 2021 年数据作为分析依据。

8.3　我国大气环境协同治理机制的建立与实施

城市群作为中国经济发展的主要载体，受经济社会快速发展推动，资源和能源数量消耗巨大，大气污染物呈集中排放，由此导致城市群地区的区域性、复合型大气污染现象频发，给经济社会持续发展带来了新的挑战。薛文博等（2014）定量模拟了全国 PM 2.5 跨界传输规律，发现跨界传输对多个城市群和区域 PM 2.5 浓度贡献显著。由此可见，环境问题的治理需要跨行政区的联合行动。

我国现实层面的协同治理围绕因重大活动而开展的污染联防联控的实践探索，肇始于 2006 年围绕 2008 北京奥运会空气质量保障的周边地区的环境治理合作。其后，围绕 2010 年的上海世博会和广州亚运会的空气治理，长三角和珠三角地区也同样建立了跨行政区、跨部门的协同治理组织体系，并有力地保障了这些重大活动的环境质量，兑现了"绿色环保"办会的承诺，积累了协同治理的基本经验。

2010 年 5 月，国务院办公厅印发了《关于推进大气污染联防联控工作改善区域空气质量的指导意见》（国办发〔2010〕33 号），从政策层面提出了"联防联控"的概念，确定了重点区域，并对建立区域联防联控协调机制等做出了总体部署和工作安排，提出了基本目标和重点任务。2012 年 10 月，《重点区域大气污染防治"十二五"规划（2010—2015）》比较系统、具体地提出大气污染协同治理的方法和机制，明确了"规划、监测、监管、评估、协调"等"五个统一"是协同治理机制的核心要义，并从建立"联控工作、联合执法、环评会商、信息共享、预警应急"等 5 个方面做出了具体的制度安排。该规划突破了原有以行政区域为主的属地治理模式，提出了跨行政区环境合作的方向和路径。

2013 年 9 月，"大气十条"中明确提出了要在京津冀、长三角区域建立"协作机制"，该行动计划通过将治理任务纳入考核体系进一步压实了地方政府的环境治理责任，为各重点空气质量控制区开展区域环境协同治理，推进大气环境质量改善吹响了号角。2016 年 11 月，《国家环境保护"十三五"规划（2015—2020）》进一步指出，要在京津冀、长三角、珠三角等区域"建立常态化区域协作机制"。经过 5 年的污染攻坚行动，"大气十条"提出的 45 个重点任务全面完成，我国整体上的空气质量在主要指标上得到大幅改善，全国地市和重点区域的主要污染物指标的平均浓度大幅下降，如 2017 年与 2013 年相比的 PM 2.5 平均浓度，京津冀、长三角、珠三角分别下降 39.6%、34.3%、27.7%（生态环境部办公厅，2017）。[①]2017 年，珠三角的细颗粒物更是降到 34 微克 / 立方米，率先从全国大气污染防治重点区域中"退出"。珠三角作为我国经济发达同时环境质量相对较好的区域，其在区域环境协同治理上形成的经验积累、所取得的环境治理成果，为其他重污染地区改善环境质量提供了启示和信心。

2018 年 6 月，《打赢蓝天保卫战三年行动计划》（以下简称"三年

① 生态环境部办公厅 . 关于《大气污染防治行动计划》实施情况终期考核结果的通报 [DB/OL]. http://www.mee.gov.cn/xxgk2018/xxgk/xxgk06/201806/t20180601_629733.html, 2018−05−17.

行动计划"），明确了京津冀、长三角、汾渭平原等重点防控区所涵盖的具体城市范围；将京津冀"协作小组"升格为"领导小组"，提高了协调的层级和权威，建立汾渭平原协作机制并归入调整后的京津冀领导小组进行总体上的统筹。从 2017 年开始，国家（生态）环境保护部每年都制定和实施关于京津冀、长三角和汾渭平原等 3 个重点地区秋冬季大气污染综合治理攻坚方案（柴发合，2020），通过跨地区、跨部门的协同治理聚焦于细颗粒物浓度下降和重污染天数减少的攻坚目标。

从法律层面看，用"联防联控""联合防治"等术语表述的区域环境协同治理已经上升为国家的环境法律体系。2014 年修订的《环境保护法》，明确规定"实行统一规划、统一标准、统一监测、统一防治措施"，从法律层面正式确立了污染联防联控的工作重点。2015 年修订的《大气污染防治法》，明确了国家层面大气"联防联控机制"构建的法律要求。2018 年新修订的《大气污染防治法》，又进一步提出了在"区域大气污染"治理上要实行"联合防治"制度（段娟，2020）。总之，我国通过环保基本法和大气等要素法中的相关条款，使得区域环境协同治理的法律体系和制度安排更为严密。

与政策文件、法律体系并行的另一路径是各地的实践探索，京津冀、长三角和珠三角等污染防控的重点区域，也已经形成了各有特色、同时普遍反映中国环境治理制度背景的区域环境协同治理模式。[1]

---

[1]　具体详见第 7 章的分析。

8.4 模型、方法与数据

8.4.1 计量模型设定

揭示区域环境协同治理的效果可以理解为对协同治理这项政策或这个事件的效应评估，断点回归（Regression Discontinuity Design，RD）、匹配（Matching）、双重差分（Difference-in-Differences，DID，也称倍差法、差分再差分等）、合成控制（Synthetic Control Method，SCM）等方法均可用于对某项政策或某个事件的效应评估。其中，断点回归最具有可信性，但该方法应用要求断点附近个体具有相同的特征，适用范围较小；匹配方法的应用必须满足"强可忽略性"假设，并且需要大量的截面数据保证其分析结果的精度；双重差分法允许存在不可观测因素对个体是否接受干预的决策产生影响，对某项政策的评估与现实更加接近；合成控制法作为一种非参数方法，是对传统双重差分法的拓展，仅适用于有一个或少数几个试验对象的政策评价（卫梦星，2012）。另外，双重差分法的准自然试验可以有效地避免环境政策问题的内生性和遗漏变量等问题（杨斯悦等，2020）。双重差分法也得到了广泛应用，如有研究构建了一个 DID 模型来评估新冠肺炎导致京津冀区域封锁措施对空气质量的影响（Wang，Xu，Wang，et al，2021），本章前述文献中也大多采用双重差分法。鉴于此，本书采用双重差分法实证检验大气污染协同治理取得的成效。

　　传统和经典 DID 模型设定中，处理组所有个体受到政策冲击的时间一致，但事实上很多政策的实施区域和实施时间均有所不同。鉴于大气污染协同治理研究中个体的处理期存在不完全一致的情形，本书采用渐进 DID（Time-varying DID）模型估计大气污染协同治理取得的成效。渐进 DID 也被称为多时点 DID 或异时 DID，在双重固定效应的估计框架下，渐进 DID 方法的模型可设定为：

$$Y_{it} = \beta_0 + \beta_1 * D_{it} + \beta * \boldsymbol{\Sigma} \, \boldsymbol{X}_{it} + \mu_i + \tau_t + \varepsilon_{it}$$

　　式中，Y_{it} 为被解释变量，D_{it} 表示因个体而异的处理期虚拟变量，如果个体 i 在第 t 期接受处理，代表其进入处理期，则此前时期均取值为 0，此后时期取值为 1，其系数 β_1 是需要重点关注的整体的平均处理效应，$\boldsymbol{\Sigma} \, \boldsymbol{X}_{it}$ 表示随时间和个体变化的控制变量，μ_i 表示个体固定效应，τ_t 表示时间固定效应，ε_{it} 表示标准残差项，i 为个体数量，t 表示时间。需要说明的是，因为模型中加入了个体固定效应 μ_i，不必再放入处理组虚拟变量 $Treat_i$，否则将导致严格多重共线性，因为前者包含的信息比后者更多（前者控制到个体层面，而后者仅控制到组别层面）。类似地，模型中加入时间固定效应 τ_t 之后，就不必再放入处理期虚拟变量 $Post_t$，因为前者控制了每一期的时间效应，而后者仅控制处理期前后的时间效应。估计方法仍然采用普通最小二乘法（Ordinary Least Square，OLS）进行估计，因为面板数据一般为"聚类数据"，须使用"聚类稳健标准误"。

8.4.2　变量描述

（1）被解释变量

被解释变量为反映大气污染状况的指标，包括生态环境部发布的综合性的指标——环境空气质量综合指数（Air Quality Index，AQI，也可简称为空气质量指数），以及细颗粒物、可吸入颗粒物、二氧化硫、一氧化碳、二氧化氮、臭氧等 6 种分项污染物的月报数据，这 7 个指标的数值越大代表污染越严重，或者反过来可理解为，数值越小表示环境质量越好。全国 74 个重要城市空气质量指数于 2013 年 1 月开始发布，6 种分项污染物浓度于 2014 年 11 月才开始发布，因此，涉及空气质量指数指标的研究时段为 2013 年 1 月至 2018 年 12 月，其他指标研究时段为 2014 年 11 月至 2018 年 12 月。表 8.2 是对被解释变量相关指标的描述性统计。

表 8.2　被解释变量相关指标的描述性统计

变量	符号	单位	样本数	均值	标准差	最小值	最大值
空气质量指数	AQI	无量纲指数	5256	5.17	2.22	1.03	27.7
细颗粒物	PM 2.5	微克 / 米^3	3650	50.13	28.16	8	379
可吸入颗粒物	PM 10	微克 / 米^3	3650	85.35	43.0	16	571
二氧化硫	SO_2	微克 / 米^3	3650	20.44	20.55	3	441
一氧化碳	CO	毫克 / 米^3	3650	39.88	14.74	7	106
二氧化氮	NO_2	微克 / 米^3	3650	15.32	0.97	0.4	16
臭氧	O_3	微克 / 米^3	3650	131.77	49.78	1.52	309

资料来源：根据中国环境监测总站发布的各月份《全国城市空气质量报告》中的数据整理和计算。

（2）核心解释变量

双重差分项为核心解释变量，其系数是需要重点关注的估计值，表示大气污染协同治理取得的成效，如果系数显著为正，表明协同治理措施对反映大气环境质量的变量产生的影响是正向的，否则为负向的。73个样本城市中，处理组包括京津冀地区的 13 个城市、长三角地区的 26个城市、京津冀周边地区的 3 个城市。[①]2013 年 9 月，《京津冀及周边地区落实大气污染防治行动计划实施细则》印发，标志着京津冀地区大气污染协同治理开始启动，但三地环保部门首次启动环境执法联动机制是在 2015 年 11 月，故将京津冀地区城市 2015 年 11 月之前双重差分项设为 0，之后设为 1。长三角地区于 2014 年 1 月成立了区域大气污染防治协作小组，考虑到政策、措施实施的时滞性，将长三角地区城市 2015年 1 月之前双重差分项设为 0，之后设为 1。鉴于汾渭平原空气污染的严重性和改善的紧迫性，2018 年 6 月，"三年行动计划"将汾渭平原纳入了"蓝天保卫战"治理的重点区域，同时建立汾渭平原协作机制并归入调整后的京津冀领导小组进行总体上的统筹，而京津冀区域的协同治理已经形成了比较成熟的合作机制和经验，汾渭平原的协同治理行动由此迅速展开，因此，将汾渭平原所属城市 2018 年 6 月之前双重差分项设为 0，之后设为 1。珠三角地区在广东省域内较早实施大气污染协同治理且已经退出国家重点污染控制区域的范围，各项措施实施时间也不在本书研究的范围内，因此将珠三角地区城市作为控制组。73 个城市中剩余的其他城市均作为控制组。

（3）控制变量

区域环境质量的影响因素具有复杂性和多因性，综合环境科学与环

---

① 　处理组城市具体包括：京津冀区域的 13 个城市：北京、天津、石家庄、唐山、秦皇岛、邯郸、邢台、保定、张家口、承德、沧州、廊坊、衡水；长三角区域的 26 个城市：上海、南京、无锡、徐州、常州、苏州、南通、连云港、淮安、盐城、扬州、镇江、泰州、宿迁、杭州、宁波、温州、嘉兴、湖州、绍兴、金华、衢州、台州、丽水、舟山、合肥；京津冀周边区域的 3 个城市：太原、郑州、济南。

境工程、环境经济学和区域经济学等理论的已有科学认识，自然因素中的风速、风向和降雨量等，社会经济因素中的人口数量和密度、经济结构中的工业化程度、交通运输的工具和结构等都是其最为关键的影响因子。为了进一步消除其他因素对空气质量产生的影响，参照现有文献的相关研究结果（周亮等，2017；赵志华等，2020），且考虑数据的可获取性，在此选择了降水量（pre）、人口密度（peo）、第二产业占地区生产总值的比重（indus）、居民机动车拥有量（vehi）等作为5个控制变量（见表8.3）。[①] 主要考虑如下：降水有利于部分大气污染物的稀释和降解，对空气质量具有积极改进作用（胡琳等，2013；刘爱君等，2004）。人口密度高意味着人类活动更为频繁，对物质生活需求的增加通过生产活动和消费活动增加对环境系统的压力，进而增加了各类污染物的排放量，因此，较高的人口密度会加剧空气污染（李衡等，2022）。产业结构升级初期，随着产业结构高级化和合理化，第二产业占地区生产总值的比重逐步提高，大气环境会出现恶化的状态和趋势（Grossman，Krueger，1995），但这种影响一般存在滞后效应（曹慧丰等，2015）。工业生产会导致能源和资源消费量增加，而工业行业产生的排放物是城市大气污染的重要来源。污染产业的增量和存量均会加剧空气污染，且后者的效用更加显著（朱向东等，2018）。交通也是影响城市空气质量的主要因素，机动车数量越多，尾气排放也越多，我国大气污染呈现"煤烟—机动车"交织的复合特征，在2014年北京市本地细颗粒排放物来源中机动车就占到了31.1%（吴鹏等，2016；李建明，2020）。因此，本书选择了上述5个控制变量。

[①] 风速和风向对大气扩散具有重要影响，无疑也是影响大气环境治理效果的重要因素，但是限于研究对象数据的可获得性，无法将它们作为控制变量。

表8.3　影响空气质量的解释变量及其度量指标

项目	解释变量	英文缩写	度量指标	预期符号
关键解释变量	双重差分项	D_{it}	处理期处理组个体取值为1，否则为0	−
控制变量	降水量	pre	月平均降水量	−
	人口密度	peo	市辖区年平均人口/市辖区行政区域土地面积	+
	第二产业占地区生产总值的比重	indus	第二产业增加值/地区生产总值	+
	机动车数量	vehi	居民机动车拥有量	+

8.4.3　数据来源

为了全面反映空气质量状况，2012年2月环保部发布了新的《环境空气质量标准》（GB3095-2012）和《环境空气质量指数（AQI）技术规定（试行）》（HJ 633-2012），停止使用空气污染指数（API），改用空气质量指数（AQI），并将全社会广为关注PM 2.5纳入环境监测和质量监控体系中，同时增设了臭氧的浓度限值要求。自2013年1月开始监测和发布第一阶段涵盖全国74个重要城市的空气质量指数，2014年11月开始发布细颗粒物、可吸入颗粒物、二氧化硫、一氧化碳、二氧化氮、臭氧等6种分项污染物的监测数据。本研究采用的城市空气质量指数和分项污染物浓度数据来源于2013—2018年中国环境监测总站发布的各月份《全国城市空气质量报告》，人口密度、第二产业占地区生产总值的比重、居民机动车拥有量的数据来源于相应年份的《中国城市统计年鉴》《中国区域统计年鉴》，降水量数据来源于各城市所在省份的统计年鉴。

8.5 大气污染协同治理实施效果分析

运用多期 DID 方法需要满足"平行趋势"的假设条件，即实验组和控制组样本在受到政策冲击之前必须具有相同的变化趋势，因此，本部分首先结合事件研究法对平行趋势假设进行了检验。考虑了 12 个月的窗口期，即从大气污染协同治理实施前的 6 个月到协同治理实施后的 6 个月，结果显示，在协同治理措施实施前，各个时期的虚拟变量系数与 0 没有显著差异，表明样本满足平行趋势的假设条件。在协同治理措施实施当期及实施后的 3 期，各个时期虚拟变量系数显著不为零，表明协同治理措施对大气环境产生了显著的影响，即具有显著的处理效应，但是这种影响在 3 期之后变得不再明显，一定程度上说明协同治理措施对改善大气环境质量产生的效应是短期的，长期效应尚未形成（见图 8.3）。

8.5.1 全国层面整体性协同治理的效果

对模型的估计采用多维面板固定效应估计（reghdfe），同时固定了时间效应和区域效应，分别对以空气质量指数及以细颗粒物、可吸入颗粒物、二氧化硫、一氧化碳、二氧化氮、臭氧等 6 种分项污染物浓度为被解释变量的模型进行了估计。估计结果显示（见表 8.4），以空气质

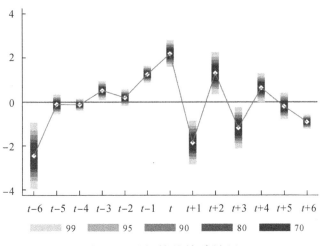

图 8.3　平行趋势检验结果

量指数为被解释变量时，双重差分项的系数为 0.995，且通过了 1% 的显著性水平检验，表明从总体上看各地区采取的大气污染协同治理措施对 AQI 这个反映空气质量的综合性指标产生了正向的显著影响，大气污染协同治理行动没有能够有效降低空气质量指数。控制变量中，降水量系数为 −0.006，通过了 1% 的显著性水平检验，表明降水量对空气质量指数产生了负向的显著影响，与现有文献（胡琳等，2013；刘爱君等，2004）"降水量有助于改善大气环境质量"的结论一致；人口密度的系数为 0.001，通过了 5% 的显著性水平检验，人口密度对 AQI 产生了正向的显著影响，表明人口密度增加导致环境状况变差，从而空气质量指数增大；第二产业占地区生产总值比重的系数为 0.021，通过了 5% 的显著性水平检验，表明第二产业比重越高，空气质量指数越大，第二产业比重提高将导致空气质量水平下降，与现有文献（曹慧丰等，2015；李衡等，2022）研究结论一致；居民机动车拥有量系数为 −0.003，且通过了 1% 的显著性水平检验，与预期结论不相符，这可能与我国部分地区实施机动车限行政策有关，限行使得机动车拥有量与使用量存在差别，而真正影响大气环境质量的是机动车使用量。关于中国交通限制政策对空气污染影响的研究表明，私家车交通限制政策在一定程度上降低了空气污染程度，但其效果会随同期实施的其他政策及城市本身的经济发展特征而有所不同（Chen，Hao，Zhang，et al，2021）。

表8.4　全国层面不同被解释变量下的 DID 估计结果

被解释变量	AQI	PM 2.5	PM 10	二氧化硫	二氧化氮	一氧化碳	臭氧
D_{it}	0.995*** （9.27）	−0.456 （−0.09）	−4.878 （−0.74）	−5.482* （−1.83）	1.091 （1.58）	−0.037 （−0.18）	−1.314 （−0.14）
pre	−0.006*** （−8.02）	−0.092*** （−22.68）	−0.134*** （−22.88）	−0.036*** （−15.42）	−0.050*** （−22.03）	−0.002*** （−18.92）	0.159*** （16.53）
peo	0.001** （2.38）	0.003 （1.14）	0.003 （1.03）	0.003* （1.83）	−0.000 （−0.20）	−0.000 （−0.36）	0.001 （0.18）
indus	0.021** （2.04）	0.597*** （4.01）	1.129*** （5.53）	0.627** （2.17）	0.116 （1.29）	0.018*** （3.32）	−0.992*** （−2.63）
vehi	−0.003*** （−2.95）	−0.194*** （−10.42）	−0.247*** （−10.96）	−0.155*** （−8.41）	−0.048*** （−4.63）	−0.004*** （−6.77）	0.304*** （6.65）
R^2	40.36	41.86	57.29	37.75	51.38	32.29	22.30
Adj R^2	39.38	40.46	56.26	36.25	50.20	30.65	20.42

注：***、**、* 分别表示1%、5% 和10% 的显著性水平；括号内为 t 统计量。

以6种分项污染物浓度作为被解释变量的估计结果显示（如表8.4所示），二氧化硫的双重差分项系数为 −5.482，通过了10% 的显著性水平检验，表明大气污染协同治理有效降低了二氧化硫的浓度，政策效果明显。控制变量中，降水量系数为 −0.036，且通过了1% 的显著性水平检验；人口密度系数为 0.003，通过了10% 的显著性水平检验；第二产业占地区生产总值比重的系数为 0.627，通过了 5% 的显著性水平检验，上述 3 个控制变量的系数均与预期效果相吻合，居民机动车拥有量的系数为 –0.155，且通过了 1% 的显著性水平检验，但与预期结论不相符。其他分项污染物的双重差分项系数均未通过显著性检验，说明大气污染协同治理对这些污染物浓度的变化尚未产生明显的趋势性影响。

8.5.2　重点污染控制区域层面的协同治理效果

考虑到大气污染协同治理措施的实施是以特定区域为单位的，协同治理效果可能存在一定的空间差异性，因此，采用类似的方法对重点关注的京津冀和长三角区域大气污染协同治理效果分别进行了检验。

以京津冀区域的 13 个城市为控制组的估计结果显示（见表 8.5），以空气质量指数为被解释变量时，双重差分项的系数为 –0.622，且通过了 10% 的显著性水平检验，表明京津冀地区采取的大气污染协同治理措施对空气质量指数产生了负向的显著影响，大气污染协同治理有效降低了空气质量指数，改善了大气环境质量。在控制变量中，降水量指标的系数为 –0.007，且通过了 1% 的显著性水平检验；人口密度系数为 0.001，通过了 5% 的显著性水平检验，这 2 个控制变量与预期结论相符；其余控制变量未通过显著性水平检验。以 6 种分项污染物浓度作为被解释变量的估计结果显示，仅二氧化硫浓度的双重差分项系数为 –5.818，通过了 10% 的显著性水平检验，PM 2.5、PM 10、一氧化碳、臭氧的双重差分项系数虽然也是负值，但均未通过显著性检验，大气污染协同治理对这些污染物浓度的变化尚未产生明显的趋势性影响。需要说明的是，2017 年 2 月，京津冀区域联合治理的空间范围扩展到 "2+26" 城市，本书以京津冀及周边地区的城市作为控制组进行了大气污染协同治理效果的检验，鉴于相关数据的可得性，事实上只在原有京津冀 13 个城市基础上增加了太原、济南和郑州等 3 个城市，检验结果与上述结果几乎一致，在此不再赘述。Xu 和 Wu（2020）利用京津冀及周边地区 58 个城市面板数据的研究结果显示，环境合作治理对空气质量虽有积极影响，但其的时间趋势效应逐渐减弱。

长三角区域的估计结果显示（见表 8.6），以空气质量指数为被解释变量时，双重差分项的系数为 1.186，且通过了 1% 的显著性水平检验，表明长三角地区采取的大气污染协同治理措施对空气质量指数产生了正向的显著影响，因而大气污染协同治理行动没有能够有效降低空气质量指数。控制变量中，降水量系数为 –0.005，通过了 1% 的显著性水平检验，与预期结论相符；人口密度的系数为 0.001，通过了 1% 的显著性水平检验，与预期结论相符；第二产业占地区生产总值比重的系数为 0.016，通过了 10% 的显著性水平检验，与预期结论相符；居民机动车拥有量系数为 –0.003，且通过了 1% 的显著性水平检验，与预期结论不相符。以 6 种分项污染物的浓度作为被解释变量的估计结果显示，可吸入颗粒物的双重差分项系数为 –25.45，通过了 1% 的显著性水平检验；二氧化硫的双重差分项系数为 –7.841，通过了 5% 的显著性水平检验；一氧化碳的双重差分项系数为 –0.364，通过了 5% 的显著性水平检验，表明大气污染协同治理有效降低了 PM 10、二氧化硫和一氧化碳等 3 项污染物的浓度；其他 3 项污染物的双重差分项系数未通过显著性检验，大气污染协同治理对这些污染物浓度的变化尚未产生明显的趋势性影响。

表8.5　京津冀区域不同被解释变量下的 DID 估计结果

被解释变量	AQI	PM 2.5	PM 10	二氧化硫	二氧化氮	一氧化碳	臭氧
Dit	−0.622* (−1.94)	−0.641 (−0.13)	−4.846 (−0.73)	−5.818* (−1.89)	3.678 (1.53)	−0.023 (−0.11)	−2.378 (−0.24)
pre	−0.007*** (−16.63)	−0.100*** (−14.42)	−0.144*** (−14.74)	−0.050*** (−10.45)	−0.048*** (−14.01)	−0.002*** (−11.84)	0.163*** (10.47)
peo	0.001** (2.52)	0.003 (1.05)	0.003 (0.84)	0.002 (1.13)	0.001 (0.58)	−0.000 (−0.53)	0.004 (0.84)
indus	−0.021 (−1.33)	0.467** (2.10)	0.849*** (2.76)	−0.010 (−0.02)	0.115 (0.90)	0.013 (1.38)	−0.765 (−1.39)
vehi	−0.001 (−0.49)	−0.198*** (−6.70)	−0.273*** (−8.52)	−0.203*** (−6.16)	−0.029** (−2.27)	−0.004*** (−5.44)	0.366*** (5.53)
R^2	41.62	41.44	58.56	41.40	53.07	34.00	22.30
Adj R^2	40.55	39.80	56.38	39.76	51.76	32.15	20.42

注：***、**、* 分别表示 1%、5% 和 10% 的显著性水平；括号内为 t 统计量。

表8.6　长三角区域不同被解释变量下的 DID 估计结果

被解释变量	AQI	PM 2.5	PM 10	二氧化硫	二氧化氮	一氧化碳	臭氧
Dit	1.186*** (11.43)	−10.51 (−1.54)	−25.45*** (−2.80)	−7.841** (−2.42)	0.755 (1.10)	−0.364** (−2.37)	−3.779 (−0.23)
pre	−0.005*** (−7.81)	−0.090*** (−22.35)	−0.131*** (−22.36)	−0.034*** (−14.82)	−0.048*** (−21.42)	−0.002*** (−19.56)	0.149*** (15.75)
peo	0.001*** (3.07)	0.003 (1.16)	0.003 (1.03)	0.003* (1.94)	−0.000 (−0.28)	−0.000 (−0.20)	0.001 (0.22)
indus	0.016* (1.60)	0.546*** (3.63)	1.091*** (5.25)	0.605** (1.97)	0.126 (1.39)	0.015*** (2.86)	−0.754** (−1.99)
vehi	−0.003*** (−3.13)	−0.187*** (−10.02)	−0.239*** (−10.65)	−0.153*** (−8.15)	−0.046*** (−4.36)	−0.003*** (−6.39)	0.308*** (6.71)
R^2	39.92	41.07	57.78	36.91	51.80	31.05	22.73
Adj R^2	38.96	39.67	56.78	35.40	50.65	29.41	20.89

注：***、**、* 分别表示 1%、5% 和 10% 的显著性水平；括号内为 t 统计量。

8.6 区域环境协同治理效果评估的结论与政策启示

8.6.1 效果评估结论

本章在分析近年我国大气污染状况和大气污染协同治理机制的基础上，以全国重点监控的第一批实施新环境标准——《环境空气质量标准》（GB3095-2012）——的 74 个城市中的 73 个（未包括拉萨市）为研究对象，基于 2013—2018 年各城市的空气质量指数和 6 种分项污染物的月报数据，运用多时点 DID 方法实证检验了区域大气污染协同治理的实施效果。估计结果显示：

第一，就全国层面的整体性影响而言，区域协同治理行动对综合性的 AQI 产生了显著的正向影响，表明了协同行动在全国层面没有能够有效改善综合性的空气质量，但区域环境协同治理行动对单项污染物中的二氧化硫浓度产生了显著的负向影响，而对其他单项污染物浓度尚未产生明显的趋势性影响；从重点污染控制区域来看，京津冀区域的大气污染协同治理行动对综合性的空气质量指数产生了显著的负向影响，对单项污染物中的二氧化硫浓度也产生了负向的显著影响，而对其他单项污染物浓度尚未产生明显的趋势性影响；长三角区域的大气污染协同治理行动没有能够有效改善长三角区域综合性的空气质量，但对单项污染物中的 PM 10、二氧化硫和一氧化碳的浓度产生了显著的负向影响，对其他单项污染物浓度尚未产生明显的趋势性影响。

第二，从反映空气质量的指标看，以综合性的空气质量指数为被解释变量的估计结果显示，在全国层面和长三角地区大气污染协同治理措施对空气质量指数产生了正向的显著影响，在京津冀地区则产生了负向的显著影响。以二氧化硫为被解释变量的估计结果显示，在全国层面和京津冀、长三角区域大气污染协同治理行动均有效降低了二氧化硫的浓度，政策效果明显。这可能与国家从"十五"时期（2000—2005 年）到"十三五"时期（2015—2020 年），连续 4 个"五年规划（计划）"长达 20 年的时间均把"二氧化硫减排量"设置为国民经济和社会发展的约束性目标[1]，并纳入政绩考核体系有关。以可吸入颗粒物、一氧化碳为被解释变量的估计结果显示，仅在长三角区域大气污染协同治理有效降低了可吸入颗粒物、一氧化碳的浓度；以细颗粒物、二氧化氮、臭氧为被解释变量的估计结果显示，在全国层面和京津冀、长三角地区大气污染协同治理均未对这些污染物浓度的变化产生明显的趋势性影响。根据实证估计结果，我们可以得出的基本结论是，区域环境协同治理行动仅在部分地区、针对反映大气污染浓度的部分指标取得了预期的环境治理效应，但未对全部地区、所有指标都产生预期的环境质量改善的积极影响。尤其需要引起关注的是，由于对身体健康影响大而被广为关注且作为国家和地方环境治理重点、也是首要污染物的细颗粒物 PM 2.5，协同治理并没有对其污染水平的变化产生明显的趋势性影响。虽然在"十三五"规划中 PM 2.5 被作为约束性指标加以高度重视，如果把对二

---

① 见第 5 章表 5.3 及其相关分析。

氧化硫的评估结果与将 PM 2.5 作为约束性指标一起考虑，则表明，经过 20 年的环境治理才取得了二氧化硫比较稳定的减少趋势。由此带来的环境治理的启示是，对细颗粒物等污染指标改善的艰巨性和长期性要有清醒的认识和充分的准备，当然，具体需要改善的时间长度并不能由此进行简单地类推。

第三，重点污染控制区在大气污染协同治理过程中虽然付出了巨大的努力，重点区域也都基本建立了协同治理的机制并采取了高强度的共同治理行动，但从本章实证检验的结果看，区域环境协同治理所取得的成效并不十分显著，表明从单独行动的属地管理到属地管理与协同治理相融合的联防联控，所呈现的环境治理效应具有复杂性、差异性。由此直接反映出，我国目前的协同治理中以"运动型、任务型"为表现特征的组织方式、运行机制的环境治理效果并不理想；由此进一步反映出，我国环境治理体系转向专业化、常态化的制度建设仍需持续探索和继续努力。[①]

8.6.2　政策启示

区域环境协同治理效果评估的结果及其所得的基本结论，对环境治理政策提供了如下的有益启示：

第一，正视我国环境质量改善的复杂性、长期性和艰巨性，认识到环境影响的多因性，保持走体现绿色发展、协调发展的高质量发展之路的历史耐心。除包括协同治理等在内的治理因素外，社会经济结构中的产业、能源、运输、用地结构等，经济发展的阶段、水平、模式，公众

---

① 详见第 5 章 5.4 的分析。

的环境意识、环境素养等各种因素，都是环境质量的影响因子。故而，区域环境协同治理要在源头治理、系统治理上寻求根本出路，持续推进绿色、低碳、循环的经济体系的构建及"全面绿色转型"的进程。

第二，区域环境协同治理是一个长期的过程，要科学看待协同治理对污染物浓度降低的时滞性，注重区域协同治理的长期有效实施，充分认识到目前应急式的"任务驱动型协同"和"压力型协同"在环境治理绩效上存在的弊端和不足，努力将可持续性协同治理机制预期的积极变化建立在区域经济增长和区域产业结构升级的基础之上，不断提高协同治理绩效。

第三，正确面对和解决区域环境协同治理具有时间趋势效应逐渐减弱的特点，建立健全有效的协同治理反馈机制，及时和较为准确地反映协同治理的结果。反映环境质量的数据纵向改善产生的直接结果与科学、专业评估所反映复杂环境系统实际变化之间存在一定差异性，由此也说明后者的必要性和重要性。因此，重大环境政策实施中需要引入和构建独立和专业的政策评估体系，全面客观地反映重大环境政策实施的实际效果及其成本效益，进而更加注重构建科学决策、民主决策的机制。

8.7　本章小结

　　环境治理的效果检验和评价既是区域环境协同治理的关键问题，也是当前该领域研究的薄弱环节。考虑到大气污染防治本身具有的协同治理的突出特征以及我国大气环境保护实践中多区域联合治理的实际，本研究聚焦于大气污染协同治理的效果评估。近年来我国整体上的大气质量在不断改善，但在区域和污染指标上都呈现差异性。2013—2018年全国73个城市的空气质量指数数据显示：从年度变化看，1月的空气质量得到了大幅度提升，2—11月的空气质量在2014年明显恶化后逐步得到改善；臭氧浓度在1—12月的变化趋势呈倒U形，其余5种污染物浓度的变化均呈U形变化；整体上北方地区城市的污染程度较南方地区城市更为严重，空气质量指数较高、污染较严重的城市集中分布在京津冀地区，而粤港澳大湾区的城市及海口空气质量指数较低、环境质量较好。我国目前的区域环境质量的基本格局为：以早期实施协同治理的珠三角为代表的粤港澳大湾区空气质量最好，而在目前的"三大大气污染重点防治区域"中，京津冀区域污染最为严重，汾渭平原次之，长三角相对较好。PM 2.5在全国层面和重点防控区都是首要污染物，与此同时，近年来臭氧污染水平呈现不断加剧的态势。近年来我国的空气质量虽然得到了巨大的改善，但与高质量发展阶段的新要求和人民对美好生活的新期待相比尚有差距、仍不乐观，而实施区域环境的协同治理、进一步提升环境治理的获得感就势在必行。我国也在不断探索并初步建立了区域大气环境协同治理的机制，然而，以"运动型、任务型"为特征的环境治理模式是否取得了预期的环境治理效应则需要进行科学的效果评估。

目前研究中大多采用的传统双重差分 DID 模型，假设处理组所有个体受到政策冲击时间一致，针对传统双重差分 DID 模型的理论假设偏离"真实世界"的不足，本研究运用多时点 DID 方法，更接近现实中环境协同治理外部冲击时间并不完全一致的实际。基于 2013—2018 年的空气质量指数和细颗粒物、可吸入颗粒物、二氧化硫、一氧化碳、二氧化氮、臭氧等 6 种分项污染物的月报数据，以首批实施新环境空气质量标准的 74 个城市中的 73 个为研究对象，实证检验了区域大气污染协同治理的实施效果。区域环境协同治理行动的环境治理效果在不同区域和不同环境指标上呈现差异性：污染协同治理行动在全国层面并没有能够有效改善综合性的空气质量，但对单项污染物中的二氧化硫浓度产生了显著降低作用，而对其他 5 种单项污染物浓度尚未产生明显的趋势性影响；环境协同治理行动对京津冀区域综合性的空气质量改善和二氧化硫降低都产生了预期的显著影响，然而对其他单项污染物浓度尚未产生明显的趋势性影响；协同治理行动对长三角区域的 PM10、二氧化硫和一氧化碳等 3 种污染物浓度产生了显著的降低作用，但对综合性的空气质量、其他单项污染物浓度尚未产生明显的趋势性影响。

区域环境治理效果评估也为我国环境治理政策完善提供了有益的启示：一是正视我国环境质量改善的复杂性、长期性和艰巨性，认识到环境影响的多因性，保持走体现绿色发展、协调发展的高质量发展之路的耐心；二是注重从目前以"运动型、任务型"为主要特征的治理模式向专业化、常态化的治理机制转型；三是重大环境政策实施中需要引入独立和专业的政策评估体系，全面客观地反映重大环境政策的实际效果及其成本效益，进而更加注重构建科学决策、民主决策的机制。

第 9 章　研究结论与政策建议

　　本章首先总结提炼了全书总体研究的 6 条主要结论，其次提出了 6 点完善区域环境协同治理体系的政策建议，最后对全书进行了概括性的总结。

9.1　主要研究结论

通过上述分析，本书已对区域环境协同治理所涉及的治理失灵困境、治理体系、治理机制、演进逻辑、区域模式、治理效果等问题进行了探究，总结全书，可以得出如下 6 条基本研究结论。

9.1.1　协同治理是应对区域环境合作困境的适宜方式

区域之间环境治理合作既面临"政府失灵""市场失灵"的困境，也面临着"治理失灵"本身的难题。区域环境协同治理面临着五大现实挑战：生态系统的完整性与人为管理的分割性，污染的无界性与管理的有界性，属地管理的限定性与跨界治理的延展性，经济效益的短期性与环境效益的长期性，政府更替、干部任期与环境治理过程的不一致性等；而外部性与搭便车、个体理性与集体理性的偏离、政府间纵向委托代理与横向竞合博弈等是区域环境协同治理困境的 3 个理论缘由。应对区域环境协同治理困境的一般策略有三：协同治理主体的多中心治理应对环境治理的复杂性、政府干预与环境规制应对外部性和"市场失灵"、明晰环境权益及创造污染交易市场并使治理成本内部化。协同治理具有 8 个特点：开放性与动态性、非线性与演化性、复杂性与适应性、周期性与迭代性，而民主化、法治化、科学化和专业化是区域环境协同治理的内在要求。因而，协同治理是整体回应区域环境合作治理困境的适宜方式，然而，需要警醒的是，协同治理并非万能的，其有效性具有边界和限度。

9.1.2 区域环境协同治理体系是循环系统，治理机制具有交互性

区域环境协同治理体系是协同起因、协同主体、协同动力、协同行动、协同结果"五维框架"互为一体的循环系统，而区域环境协同治理机制是一个包括组织机制、动力机制、运行机制和反馈机制及交互作用机制等在内的有机体系。区域环境协同体系与机制的构成成分及其相互之间，具有复杂的交互作用关系。

区域环境协同治理的体系与机制受多种因素影响。整体而言，环境协同治理需要构建回应"社会—生态"复合问题的综合网络，并着力解决集体行动困境和环境污染外部性两大问题。而环境协作倡议呈现资源、行动者群体、目标、制度（规则）、尺度等多重特征，区域环境治理主体是在多中心治理理念下的公私合作以及政府、企业和公众共同参与的互动格局。地理位置、群体规模、政策目标、领导者、激励等是影响地方政府合作的重要因素，而协同风险水平下由协同预期收益与交易成本所决定的协同净收益是不同类型协同治理机制、治理工具选择和转化的关键受制变量。同时，网络位置、连通性与区域间合作类型差异影响具有复杂性和异质性。

9.1.3　中国环境治理演进具有实践逻辑

中华人民共和国成立 70 多年来尤其是建立环境治理体系的 50 年来，中国的环境治理在实践探索和理论升华、向外学习与扎根自身、扬弃传统与面向未来中不断推进。经过实践探索，中国已经形成了一套完整和系统的环境治理的制度体系，而环境治理模式从属于整个国家的治理体系，也受国家治理结构和特征的制约和影响。我国环境治理从前期的孕育到后期的建立健全，经历了一个与国家治理体系从松散联系走向紧密关联的过程。"战役化、运动化、任务化"的环境治理模式，虽然具有高效的动员性、也能在短期内取得较为明显的治理成效，但也存在治理成本高企、长效机制难以维持等不足。通过体制改革使环境治理有效嵌入整体的国家治理体系，从而推进常态化、法治化、专业化的治理机制建设，则是未来需要持续改进的方向。

本书通过对党的执政理念、环境保护与经济增长的关系、改革路径、空间单元与治理主体、国内与国际环境治理的开放交流等 5 条线索的考察发现，中国环境治理演进所遵循的逻辑有：不断满足人民对优质环境的需要；从经济增长优先到环境经济协调推进并不断趋向绿色发展；在约束激励并用中不断迈向激励相容的改革路径；从行政区到跨区域、从一元到多元演变中趋向协同治理；从学习到创新并积极承担全球环境治理责任。总体而言，中国环境治理演进呈现得更多的是一种实践逻辑，以解决实际问题为根本导向，而非理想化的理论逻辑。

9.1.4　中国区域环境协同治理呈现三种基本模式

特定时空条件下的区域环境协同治理模式，是"演化理性"和"建构理性"共同作用的产物，因此其既有内嵌于制度、文化、习俗的自发性，也具有人为的设计性和诱导的目的性。对等型任务驱动模式、权威型任务驱动型、对等型多元互动模式是 3 类中国区域环境协同治理的模式，在现实中分别以前后两个阶段的京津冀区域大气污染协同治理、粤港环保合作中的"清洁生产伙伴计划"为代表。3 种治理模式具有各自不同的治理结构和治理特点。不同的治理模式虽无价值上的优劣之别，但有治理效率上的高低之分。

9.1.5　协同治理效果在不同区域和不同环境指标上呈现出差异性

运用多时点 DID 方法，更接近现实中环境协同治理外部冲击时间并不完全一致的实际。基于 2013—2018 年的空气质量指数以及细颗粒物、可吸入颗粒物、二氧化硫、一氧化碳、二氧化氮、臭氧等 6 种分项污染物的月报数据，以首批实施新《环境空气质量标准》（GB3095–2012）的 74 个城市中的 73 个为研究对象，实证检验了区域大气环境协同治理的实施效果。通过对环境治理效果的评估表明，我国环境协同治理行动在全国层面并没有能够有效改善综合性的空气质量，但对单项污染物中的二氧化硫浓度产生了显著的降低作用，而对细颗粒物、可吸入颗粒物、一氧化碳、二氧化氮、臭氧等 5 种单项污染物浓度尚未产生明显的趋势性影响；环境协同治理行动对京津冀区域综合性的空气质量改善和二氧化硫降低都产生了预期的显著影响，然而对其他 5 种单项污染物浓度尚未产生明显的趋势性影响；环境协同治理行动对长三角区域的细颗粒物、二氧化硫和一氧化碳等 3 种污染物浓度产生了显著的降低作用，但对综合性的空气质量、其他 3 种单项污染物浓度尚未产生明显的趋势性影响。

由此获得的启示是：正视我国环境质量改善的复杂性、长期性和艰巨性以及环境影响的多因性，科学看待区域环境协同治理对污染物浓度降低的时滞性，正确面对协同治理具有时间趋势效应逐渐减弱的特点，从而保持走体现绿色发展、协调发展的高质量发展之路的耐心。当然也需要通过政策干预、体制改革等途径予以综合应对。

9.1.6　区域环境协同治理需要处理好 6 对基本关系

区域环境协同治理中的 5 个基本问题，具有中外的普适性，但从中国本身的制度背景和发展阶段以及协同治理的世界趋势等综合考虑，中国区域环境协同治理还需要正确处理好 6 对基本关系：环境治理与国家治理、属地管理与跨界治理、政府主导与多元共治、"战役化"迹象与治理能力、"任务型运动型"治理与常态化治理、技术治理与制度建设等。在我国环境治理体系建设中，这 6 对基本关系的正确处理既是短期的任务举措，也是长期的目标方向，因此，需要长短结合，既立足于现实问题的改进，也着眼于长期机制的建设。

（1）宏观视野中的环境治理与国家治理的关系

一方面，环境治理是国家治理体系的重要构成之一，一个国家的治理结构决定了包括区域环境在内的环境治理的制度逻辑，国家治理结构是区域环境治理的制度背景和系统情境；另一方面，环境治理的区域模式和治理特点是国家治理结构的反映和体现，环境治理体系和能力的完善有助于整个国家治理体系的建设。包括环境保护在内的生态文明建设所提供的是公众普遍受益的环境质量这类公共产品，但环境污染作为"公共厌恶品"则具有人人受损的特点。总体上，区域环境质量对不同收入、阶层人群具有无差别供应的特点，虽然不同收入、阶层人群的污染防护能力具有差异性，但急剧恶化的环境或整体环境系统的影响对所有人群具有全覆盖性和不可豁免性。因此，在这个意义上，推进生态环境领域的体制改革，更能形成最为广泛的共识。当前阶段，由于优质的环境产品供应与公众对美好生活的需求尚有差距，在某种程度上，作为地方品质主要构成的良好环境质量俨然成为一种"稀缺品"，与此同时，环境与经济的不协调、不平衡也是高质量发展的重大挑战，故而，深化生态环境领域的改革具有紧迫性。需要通过网络化的协同治理增强科层治理与市场治理的融合性，进而提高包括环境治理效率在内的整体治理效能。

（2）适用边界中的属地管理与跨界治理的关系

协同治理并不是治理中的"万金油"，有其适用的边界限度，这就需要界定清楚属地管理与跨界治理的适用范围，处理好"行政区经济"与"主体功能区"等方面的关系。具体而言，属地管理应对的环境问题和环境公共事务有：影响范围在本行政区域内、技术手段上可以明确产权和责任归属，可以通过单个地方内部予以解决。企业、居民等相关责任主体也应承担各自的治理责任，如企业内部的污染治理、公众对垃圾的分类等都属于这种情况。跨界治理解决问题的特征主要有：跨域性（区域、领域、主体、手段、组织等）、产权和责任界定不清且已达成共识。需要强调的是，协同治理虽然具有形成公共价值目标的功能，但如果认识存在分歧就无法通过协同治理予以应对。

（3）治理主体中的政府主导与多元共治的关系

作为公共产品的环境治理，政府无疑是当然和必然的责任主体，但从改善环境质量需要、降低治理成本、增进环境治理效果的角度看，需要政府之外的其他主体的共同参与。因此，在环境治理中，要突出政府在优质良好生态环境产品供给、环境污染治理基础设施建设、重大生态工程修复、基础性和共享性以及平台性的重大环境科学研究和开发、环境法制体系建立、环境技术服务市场培育、公共环境教育等方面的核心责任。在政府治理责任中，还需要区分以财政事权和支出责任为主要体现的中央政府和地方政府各自的责任。在区域环境的协同治理中，中央政府主要承担统一的全国性环境监测网络和发布平台建设、技术标准和法律制度体系构建责任，并对涉及国家重大生态安全战略、对全国有重大影响的跨区域的生态环境规划、跨区域的污染治理承担单独或与地方共同的财政支出责任。地方政府则承担本辖区内环境治理的财政支出责任，并通过地方政府之间的环境合作应对跨区域的环境问题。而在区域环境治理上，关键需要搭建多元主体合作的平台、畅通公众参与的渠道、引导社会组织的有序参与。完善由以企业为主的市场治理、以非政府组织为主的社会治理，以及公众参与等构成的网络化、多元化、多层次的治理体系和治理格局。在此过程中，需要给予社会组织更宽松、更包容的政策，充分发挥其在环境纠纷调解、环境公益诉讼、公众意见和利益表达、环境宣传教育、第三方环境治理等方面的积极作用。

（4）组织动员中的"战役化"与治理能力现代化的关系

无论是从"污染防治攻坚战"到"深入开展污染防治战"等具有全局性的响亮的号召、口号，还是"蓝天、碧水、净土保卫战"等环境领域内的政策用语，用"打好""打赢""污染防治战"等话语，无不反映出环境形势的严峻性，昭示出政府改善环境质量的坚强决心和必胜信心。从针对重大污染的防治行动上可以看出，在组织形式、治理特点等方面，都具有限定时间、设置目标、确立责任单位和个人等类似"战役化"的迹象、倾向。在污染高发、公众环境意识不高的阶段，通过这样的高强度社会动员和社会组织，有利于排除干扰、聚焦目标，因此，在特定阶段"战役化"的组织方式是必要的，某种程度上也是必然的。然而，也要看到，现代社会的环境治理是与经济建设、社会建设等并存的正常性的工作，在面向治理体系和治理能力现代化的征途和过程中，我们不但需要着眼于短期的急迫的环境治理任务的解决，就长期而言，更需要融入经济社会发展，体现法治化、民主化的环境治理机制的建设，进而提高环境治理能力的现代化水平，唯此才能积极适应复杂多变的、充满风险挑战的未来社会。

（5）治理特征中的"任务型治理"与常态化治理的关系

我国当前环境治理中"任务型治理""运动型治理"特征明显，把污染防治作为攻坚战进行国家层面的动员和部署，围绕一个时期的关键环境问题展开，通过自上而下发动并调动各个行政部门的资源，还通过媒体宣传造势等途径集中社会注意力，制定和实施防治污染的规划、检查评比、总结奖惩，使防治任务导入官僚层级体系并予以强力推动。也通过考核指标化和目标数量化，将环境治理的内容具体化为政府和部门领导的工作任务。"任务型、运动型环境治理"的短期治理成效虽然较为明显，尤其是那些可测度和纳入考核的指标见效较快，但不可避免地存在信息不对称、激励不相容等造成的形式主义、极端化、一刀切等问题。"运动型环境治理"特征的形成，具有历史、现实等复杂的原因，但从治理现代化的角度看，未来将有一个向以法治化、规则化、专业化为特征的常态化治理转型的过程。毕竟，现代环境治理是国家治理相伴的一项专业性、持续性的工作，这就需要在已有层级体系的基础上探索构建常态化、法治化、专业化治理机制，并使之与整体的国家治理体系相融合。

（6）治理工具和治理价值中的技术治理与制度建设的关系

在现代的环境治理中，不但要充分利用各类高新的技术手段、先进的管理模式，而且需要在制度建设上进行积极创新，体现人本化、民主化和法治化的基本要求。正确处理好技术治理与制度建设的关系，需要将环境治理中涉及的技术工程问题，与由此相关联的管理方式、组织模式等结合起来，进行综合性的、系统性的、源头性的统筹考虑和全面应对。切忌用技术性思维代替治理本身需要的人本化关切、用技术性的修补代替制度的优化，因为无论技术再高新，只有真正服务于人本身的需要才是有价值的。在制度设计、规则应用、组织实施、反馈调节等方面体现出对环境公共事务等社会公益的关注和应对，并增强对公众生态环境质量更高需要的回应性。在具体的区域环境协同治理中，协同组织的建立和更改、协同行动的发起、利益调节和补偿、治理效果评估和反馈等符合合法性的基本原则，用透明性、公开性保障相关利益群体的知情权、参与权和监督权，并用切实的问责制度对本应承担而未能承担的协同主体追究相关责任，依靠法治化的制度安排稳定协同主体长期参与区域环境治理的预期。

9.2 政策建议

面向未来，我国环境治理体系的进一步完善还需从环境目标设置单元改革、政策评估体系建立、治理机制建设、激励相容考评、公众参与渠道畅通、治理工具创新等 6 个方面进行着力和推进。

9.2.1 从行政区转向流域和区域，改革环境目标和标准设置单元

充分考虑环境污染的流动性和跨域性特征，打破行政区划壁垒，改变当前以行政区域为基本单元而设置减排等环境目标的做法，考虑探索在更大的区域范围内设置减排目标。根据国家"五年规划"中确定的环境约束性的指标和具体目标限值，经过科学测算，减排任务的分解和考核建议以流域、区域等作为实施的一级单元，同时考虑行政区"属地管理"的现实，然后在流域、区域单元内进行分解、调剂，也就是把流域、区域内的行政区作为二级单元。将环境目标分解和考核设置单元从行政区转变为区域的改革和调整，不会突破当前以行政区为实施单元下的关于国家污染控制总量和节能减排的约束目标，但将"跨界治理"与"属地管理"各自的优势更好地结合起来，更能增强政策的针对性和灵活性。

更进一步，也可考虑改变目前地方层面以行政区为单元的环境标准制度，从而转向根据流域、区域的环境目标制定和实施环境标准制度。以此改革还可带动流域和区域范围内的碳交易、污染减排指标的交易、生态补偿，以及生态环境保护技术的研究和开发、环境修复技术和产品市场的培育和发展、环境管治模式的创新等。

9.2.2 建立重大环境政策评估反馈体系，形成协同治理循环运行系统

近年来，从反映我国环境质量的监测数据和发布的环境公报上看，各项环境治理的指标在纵向时间趋势上总体得到了改善，污染物浓度也呈现下降趋势，然而，也要认识到，反映环境质量的数据纵向改善产生的直接结果与科学、专业评估所反映复杂环境系统实际变化之间存在一定差异性，由此也说明后者的必要性和重要性，因此，我国的重大环境政策实施中需要引入和构建更加中立和专业的政策评估体系，全面客观地反映重大环境政策实施的实际效果及其成本效益。

在资源有限约束下提出的任何环境治理的政策和方案，不能不计成本，当然这里的成本不仅仅是经济成本，还应考虑社会成本等其他成本，产出的收益在时间尺度上要综合考虑短期和长期的、在空间尺度上要统筹协调总体和局部的经济社会环境利益的差别。建立重大环境政策的评估、反馈和调整、改进机制，形成环境协同治理"启动—实施—评估—反馈—改进"的循环运行系统，不断改进协同治理的组织方式和运行机制，努力提高环境治理效率，在此过程中，更加注重构建重大区域政策、环境政策的科学决策、民主决策机制。

9.2.3　构建多元互动的环境治理体系，持续推进现代治理机制建设

当前阶段我国的区域环境治理，更多的还是一种政府主导型的治理结构。当然，环境质量作为公共产品政府具有天然的保障责任，但一味依靠政府也存在治理效率不高、其他主体对其形成依赖，也不利于长期而言更具根本性的公众环境意识提升、权益主张等作用的发挥。因此，要在以各级政府作为环境协同治理主体的前提下，发挥企业、社会组织和公众的积极作用，努力构建"党政统筹协调、市场主体担责、社会组织助力、公众广泛参与"的各负其责、多元互动的现代环境治理体系和格局，形成政府治理、市场治理、社会治理的合力。

目前我国"战役化、运动化、任务化"的环境治理模式，虽然自有其存在的制度背景且也在短期内取得了一定的环境改善效果，但是也存在经济成本高企，同时也会因一刀切、极端化、层层加码等弊端而要付出企业和公众抱怨、抗议等社会代价，且长期效果难以保持。因此，要顺应国家治理现代化的趋势，着力于常态化、法治化、专业化的治理机制建设，努力提高环境治理体系和能力现代化的水平。

9.2.4　健全激励相容政绩考评体系，调动地方政府和领导积极性

地方政府和领导干部在环境协同治理中具有突出影响，因此需要健全激励相容的协同治理机制。通过正式的和非正式的制度规则，使得环境治理的各个区域主体及相关利益方，共同承担治理的成本并分享收益，进而形成区域环境治理的利益共同体。在此过程中，通过"选择性激励"

的赏罚分明等措施，努力规避实施协同治理中区域成员必然存在的"搭便车"倾向，克服由此可能带来的"集体行动困境"。

注重提升经济困难地区地方政府在实现收入来源多元化、经济增长和环境保护之间取得平衡的能力，加快社会经济的绿色转型步伐，提高地方政府部门领导个人政治晋升愿望与政府环境目标考核结果的一致性，将对地方政府的激励与领导干部个人的激励更紧密地结合起来。

9.2.5　完善社会组织管治政策，畅通公众参与渠道

在协同治理中，社会组织是公众参与的组织化和制度化途径。我国社会组织在环境治理中的作用虽然在不断增强，但仍然存在发育成长不够、自身能力不高、社会认识存在偏误等不足。这就需要制定更具包容性的社会组织管理政策，进一步改革现行的社团管理制度，完善政府对社会组织的管治方式，引导和规范各类社会组织的发展。以各类公益性的社会组织、专业性的行业协会等为载体，加强社会组织自身能力和素质的建设，搭建政府、企业、专家、利益相关的公众、一般社会公众进行观点沟通交流、利益协商调整的平台。在法治规制下，使社会组织更充分发挥公众意见和利益表达、环境公益诉讼、专业咨询、环境科普、舆论监督等方面的积极作用，形成公私合作推进环境治理的多赢格局和态势。

更加重视公众参与在环境协同治理方面的作用，并不断完善公众参与的体制和机制：健全环境治理体系、科学认识公众参与价值；完善评价考核体系，准确界定公众参与主体；建立法治保障体系，不断完善公众参与制度；搭建联结沟通平台，着力构建公众参与机制；顺应现代媒体趋势，深刻把握公众参与规律。在环境协同治理中，公众参与有其适

用范围和程度，具体需要根据政策质量要求和公众接受的程度决定。随着我国社会经济发展水平和公众权益意识的不断提升，将极大地推进公众进入环境治理的公共领域。因此，公众参与的具体路径也有一个从低级向高级演进的过程，从以获取信息为目标、到增进政策接受性为目标、再到形成政府公众合作互动的治理格局。

完善公众参与环境治理的法治体系，充分发挥公众在环境治理中的行动者、推动者和监督者的作用。扩大公众参与的覆盖领域，并用实施细则和具体程序将参与权利落到实处。健全环境信息公开制度，构建以公开为基本原则，涉及国家规定需要保密情形为例外的信息公开制度，推进发展规划、专项规划、区域规划及相关政策以及生态环境情况的信息公开，保障公众的知情权、参与权。进一步健全建设项目和各类规划和政策的战略环境影响评价的公众参与制度。构建多层次、宽领域的公众参与环境治理的行动体系，完善生态环境保护的网络举报平台，健全包含公众举报、公众听证和舆论监督等在内的公众监督制度（陈润羊、花明、张贵祥，2017）。将公众满意度的测评纳入政府的政绩考评体系，增强公众的环境质量获得感。[①]

9.2.6　丰富治理手段多样性，突出治理工具创新

在我国的区域治理中，目前应用较多的是命令控制型的治理工具，其虽然具有权威性和强制性强、环境治理短期效果显著等优势，但也存在缺乏灵活性和应变性、治理成本相对较高、长期效率不一定显著等劣势；经济激励型的治理工具虽然有效果滞后性且依赖于环境经济政策完

---

① 有关公众参与的进一步分析，详见笔者已发表的论文：陈润羊，花明，张贵祥. 我国生态文明建设中的公众参与 [J]. 江西社会科学，2017，37（3）：63-72.

善程度等不足，但也具有灵活性高、针对性强、治理成本较低、长期效果可保持等优点；而鼓励自愿型的治理工具当然也有效果时滞性、不能确保一致性且协调难度大等缺点，但亦有自愿性和自主性高、契合协同治理要求等优点。由此可见，3 种治理工具各有所长和所短，因此，今后需要综合应用协同治理的手段、体系，并更加重视经济激励型、鼓励自愿型等治理工具的开发和应用。应根据协同主体、治理问题的类型、协同的目标、协同手段本身的特点、外部条件等因素，遵循适用性、引导性和动态性的原则，进行治理工具的优化选择（陈润羊，2017；陈润羊、张永凯，2016）。

界定环境协同治理中政府和市场的作用边界，当前既要发挥政府在环境公共产品供给方面的主导作用，长远而言也要注重环境资源领域市场配置作用的发挥。按照"谁受益、谁购买，谁污染、谁付费"的原则，科学评估生态环保项目的生态价值，明确受益主体及其利益配比。通过公平、公正的环保项目拍卖机制构建区域内大气环境容量交易机制、水环境容量交易机制（张贵祥、陈润羊、胡曾曾等，2017）。扩大排污权交易试点的范围，分步骤建立从重点区域到全国的统一排污权交易平台，开展跨区域二氧化硫等主要污染物的排污权交易，建立水资源使用权转让制度，实现区域范围内的总量控制目标下的整体减排和污染消减核算（陈润羊、张贵祥、胡曾曾等，2018）。建立健全流域、区域的多元化、市场化的生态补偿机制，在重点区域推进生态环保一体化的进程。加快生态修复、环境治理技术和产品市场的培育和发展，进行第三方治理、"环保管家"、合同能源环境管理等环境管治模式的创新。

9.3　本书总述

区域环境治理的协同困境既是环境合作实践中的现实难题，也是目前区域经济学、环境经济学中较少受到关注的理论命题。本书遵循"问题分析→制度分析→理论构建→实践提炼→实证检验→对策建议"的研究思路，综合应用了系统分析、多时点双重差分、比较分析与案例研究等多种研究方法。在总结梳理既有相关研究的基础上，辨析了区域环境协同治理的内涵、特点和局限；阐明了区域环境协同治理失灵困境的现实挑战和理论缘由；构建了区域环境协同治理的理论体系与交互机制；揭示了中国环境协同治理演进的基本逻辑，并识别和刻画了我国环境协同治理的模式；实证检验了区域环境协同治理的效果，进而提出了完善环境治理体系的政策建议。

区域环境协同治理通过回答 5 个基本问题：因何而起、谁来协同、何以运行、如何协同、效果怎样，系统性地回应了区域环境治理中的协同起因、协同主体、协同动力、协同行动、协同结果等重要的理论和现实问题；区域环境协同治理需要正确处理好 6 对基本关系：环境治理与国家治理、属地管理与跨界治理、政府主导与多元共治、"战役化"迹象与治理能力、"任务型"和"运动型"治理与常态化治理、技术治理与制度建设等。未来要从环境目标设置单元改革、政策评估体系建立、治理机制建设、激励相容考评、公众参与渠道畅通、治理工具创新等6个方面进一步完善我国的环境治理体系。

总之，协同治理是有效应对区域环境合作困境的适宜治理形态，协同治理的发展和推进，既受国家整体治理结构的制约，也反过来丰富了国家治理体系的领域。作为实际问题和理论命题兼有的中国区域环境协同治理，未来还需要在实践探索和理论研究上齐头并进、双向驱动。通过实践探索为理论研究提供丰富的现实素材和鲜活的经验支持，并产生对理论创新的现实需求；与此同时，通过理论研究总结提炼基于中国实践探索的普遍规律，并为优化治理机制、提高治理效率提供理论指引和改进方向。展望未来，中国区域环境协同治理理论问题的研究，在本书已经提出和讨论过的基本理论体系框架的基础上，在研究视角拓展、时间尺度延伸、研究单元细化、不同实证检验方法的评估对比等方面，尚有后续进一步改进的空间。① 因此，对中国区域环境协同治理问题的探究尚需跟踪实践不断发展演化的过程而持续深化。

---

① 详见第1章中"1.3 本书创新、研究不足与展望"部分的分析。

参考文献

[1] Affolderbach J., Carr C. Blending scales of governance: land-use policies and practices in the small state of luxembourg [J]. Regional studies, 2016, 50(6):944-955.

[2] Ansell C., Gash A. Collaborative governance in theory and practice [J]. Journal of public administration research and theory, 2008, 18(4):543-571.

[3] Ansell C., Doberstein C., Henderson H., et al. Understanding inclusion in collaborative governance: a mixed methods approach [J]. Policy and society, 2020, 39(4): 570-591.

[4] Arnstein S.R. A ladder of citizen participation [J]. Journal of the American institute of planners, 1969, 35(4):216-224.

[5] Bennett N.J., Whitty T.S., Finkbeiner E., et al. Environmental stewardship: a conceptual review and analytical framework [J]. Environmental management, 2018, 61(4):597-614.

[6] Björnberg K.E., Karlsson M., Gilek M., et al. Climate and environmental science denial: a review of the scientific literature published in 1990–2015 [J]. Journal of cleaner production, 2017, 167(20):229-241.

[7] Bodin Ö. Collaborative environmental governance: achieving collective action in social-ecological systems [J]. Science, 2017, 357(6352):1114.

[8] Bulkeley H., Betsill M.M. Revisiting the urban politics of climate change [J]. Environmental politics, 2013, 22(1):136-154.

[9] Cai H., Chen Y., Gong Q. Polluting thy neighbor: unintended consequences of China's pollution reduction mandates [J]. Journal of environmental economics and management, 2016(76):86-104.

[10] Casula M. A contextual explanation of regional governance in Europe: insights from inter-municipal cooperation [J]. Public management review, 2020, 22(12): 1819-1851.

[11] Chang I. C., Leitner H., Sheppard E. A green leap forward eco-state restructuring and the tianjin binhai eco-city model [J]. Regional studies, 2016, 50(6): 929-943.

[12] Chen Y., Zhang J., Tadikamalla P.R., et al. The relationship among government, enterprise, and public in environmental governance from the perspective of multi-player evolutionary game [J]. International journal of environmental research and public health, 2019, 16(18):3351-3368.

[13] Chen Z., Hao X., Zhang X., et al. Have traffic restrictions improved air quality? A shock from COVID-19 [J]. Journal of cleaner production, 2021, 279(10):123622.

[14] Chhotray V., Stoker G. Governance theory and practice: a cross-disciplinary approach [M]. New York: Palgrave Macmillan, 2008.

[15] Coase R.H. The problem of social cost [J]. Journal of law and economics, 1960(3):1-44.

[16] Cockburn J., Schoon M., Cundill G., et al. Understanding the context of multifaceted collaborations for social-ecological sustainability: a methodology for cross-case analysis [J]. Ecology and society, 2020, 25(3):7.

[17] Cockburn J., Cundill G., Shackleton S., et al. Collaborative stewardship in multifunctional landscapes: toward relational, pluralistic approaches [J]. Ecology and society, 2019, 24(4):32.

[18] Cui C., Yi H. What drives the performance of collaboration networks: a qualitative comparative analysis of local water governance in China [J]. International journal of environmental research and public health. 2020, 17(6):1819.

[19] Daly H.E., Farley J. Ecological economics: principles and applications [M]. Washington, D.C.: Island Press, 2011.

[20] Daly H.E. Towards a steady-state economy [M]. San Francisco: Freeman Press, 1973.

[21] Dan G., Oran Y., Yijia J., et al. Environmental governance in China: interactions between the state and "nonstate actors" [J]. Journal of environmental management, 2018, 220(8):126-135.

[22] Davidson J., Lockwood M. Partnerships as instruments of good regional governance: innovation for sustainability in tasmania? [J]. Regional studies, 2008, 42(5): 641-656.

[23] Deutz P., Lyons D.I. Editorial: industrial symbiosis – an environmental perspective on regional development [J]. Regional studies, 2008, 42(10):1295-1298.

[24] Elizabeth E.A.Policy learning in collaborative environmental governance processes [J]. Journal of environmental policy & planning, 2019, 21(3): 242-256.

[25] Emerson K., Nabatchi T., Balogh S. An integrative framework for collaborative governance [J]. Journal of public administration research and theory, 2012, 22(1):1-29.

[26] Emerson K., Nabatchi T. Collaborative governance regimes [M]. Washington, DC:Georgetown University Press, 2015.

[27] Emerson K., Gerlak A.K. Adaptation in collaborative governance regimes [J]. Environmental management, 2014, 54(4):768-781.

[28] Feiock R.C.Metropolitan governance and institutional collective action [J]. Urban affairs review, 2009(44):356-377.

[29] Feiock R.C. The institutional collective action framework [J]. Policy studies journal, 2013, 41(3):397-425.

[30] Feist A., Plummer R., Baird J. The inner-workings of collaboration in environmental management and governance: a systematic mapping review [J]. Environmental Management, 2020, 6(3):801-815 .

[31] Frederiksson G.H. Whatever happened to public administration? Governance, governance everywhere [C] // Ferlie, E., Laurence, L., Pollitt, C. In the Oxford handbook of public management. Oxford: Oxford University Press, 2005:282-304.

[32] Ge T., Qiu W., Li J., et al. The impact of environmental regulation efficiency loss on inclusive growth: evidence from China [J]. Journal of environmental management, 2020(268):110700.

[33] Gibbs D., Lintz G. Editorial: environmental governance of urban and regional development – scales and sectors, conflict and cooperation [J]. Regional studies, 2016, 50(6):925-928.

[34] Gjaltema J., Biesbroek R., Termeer K. From government to governance... to meta-governance: a systematic literature review[J]. Public management review, 2020(22):1760-1780.

[35] Grossman G.M., Krueger A.B. Economic environment and the economic growth [J]. Quarterly journal of economics, 1995, 110(2):353-377.

[36] Halkos G.E., Sundström A., Tzeremes N.G. Regional environmental performance and governance quality: a nonparametric analysis [J]. Environmental economics and policy studies, 2015, 17(4):621-644.

[37] Haughton G., Morgan K.Editorial: sustainable regions [J]. Regional studies, 2008, 42(9): 1219-1222.

[38] He G., Wang S., Zhang B. Watering down environmental regulation in China [J]. The quarterly journal of economics, 2020, 135(1): 2135-2185.

[39] Huang C., Yi H., Chen T., et al. Networked environmental governance: formal and informal collaborative networks in local China [J]. Policy studies, 2020(4):1-19.

[40] Huxham, C. The challenge of collaborative governance [J]. Public management review, 2000, 2(3): 337-357.

[41] Jager N.W., Jens N., Edward C., et al. Pathways to implementation: evidence on how participation in environmental governance impacts on environmental outcomes [J]. Journal of public administration research and theory, 2020, 30(3):383-399.

[42] Kahn M.E., Li P., Zhao D. Water pollution progress at borders: the role of changes in China's political promotion incentives [J]. American economic journal: economic policy, 2015, 7(4):223-242.

[43] Kooiman J. Governing as governance [M]. London:Sage Publication, 2003.

[44] Li Y., Wu F. Understanding city-regionalism in China: regional cooperation in the Yangtze River Delta [J]. Regional studies, 2017(52): 1-12.

[45] Lintz G. A conceptual framework for analysing inter-municipal cooperation on the environment [J]. Regional studies, 2016, 50(6): 956-970.

[46] Lintz G., Gibbs D., Sauri D. New research network on "ecological regional development" launched [J]. Regions magazine, 2010, 277(1):35.

[47] Lipscomb M., Mobarak A.M. Decentralization and pollution spillovers: evidence from the re-drawing of county borders in Brazil [J]. The review of economic studies, 2017, 84(1): 464-502.

[48] Ma X., Tao J. Cross-border environmental governance in the Greater Pearl River Delta (GPRD) [J]. International journal of environmental studies, 2010, 67(2):127-136.

[49] Mansbridge J. The role of the state in governing the commons [J]. Environmental science & policy, 2014(36):8-10.

[50] Margerum R.D., Robinson C.J. The challenges of collaboration in environmental governance: barriers and responses [M]. Cheltenham: Edward Elgar Publishing, 2016.

[51] Morrison T., Adger W.N., Brown K., et al. The black box of power in polycentric environmental governance [J]. Global environmental change, 2019(57):101934.

[52] Ostrom E. Beyond markets and states: polycentric governance of complex economic systems [J]. American economic review, 2010, 100(3):641-672.

[53] Peters B.G.Governance: ten thoughts about five propositions [J]. International social science journal, 2019, 68(227-228):5-14.

[54] Pigou A.C. The economics of welfare [M]. London:Macmillan, 1920.

[55] Rhodes R. A. W. The new governance: governing without government [J]. Political studies, 1996, 44(4):652-676.

[56] Rockström J., Steffen W., Noone K., et al. A safe operating space for humanity [J]. Nature, 2009, 461(7263): 472-475.

[57] Salgado Carvalho D., Fidélis, Teresa. Citizen complaints as a new source of information for local environmental governance [J]. Management of environmental quality an international journal, 2011, 22(3):386-400.

[58] Samuel M. Sustainable urban development as consensual practice: post-politics in Freiburg, Germany [J]. Regional studies, 2016, 50(6): 971-982.

[59] Schleicher N., Norra S., Chen Y., et al. Efficiency of mitigation measures to reduce particulate air pollution—a case study during the Olympic Summer Games 2008 in Beijing, China [J]. Science of the total environment, 2012(427-428):146-158.

[60] Shen Y., Steuer B. Conflict or cooperation: the patterns of interaction

between state and non-state actors in China's environmental governance [J]. Journal of Chinese governance, 2017, 2(4), 349-359.

[61] Steffen W., Richardson K., Rockström J., et al. Planetary boundaries: guiding human development on achanging planet [J]. Science, 2015, 347(6223): 1259855.

[62] Stoker G. Governance as theory: five propositions [J]. International social science journal, 1998, 50(155):17-28.

[63] The Commission on Global Governance. Our global neighbourhood [M]. Oxford: Oxford University Press, 1995.

[64] Tyler A. S., Craig W.T. Winners and losers in the ecology of games: network position, connectivity, and the benefits of collaborative governance regimes [J]. Journal of public administration research and theory, 2017, 27(4):647-660.

[65] Wallington T., Lawrence G., Loechel B. Reflections on the legitimacy of regional environmental governance: lessons from Australia's experiment in natural resource management [J]. Journal of environmental policy and planning, 2008, 10(1):1-30.

[66] Wang H., Zhao L., Xie Y., et al. "APEC blue"–the effects and implications of joint pollution prevention and control program [J]. Science of the total environment, 2016(553):429-438.

[67] Wang J., Xu X., Wang S., et al. Heterogeneous effects of COVID-19 lockdown measures on air quality in Northern China [J]. Applied energy, 2021, 282(10223):116179.

[68] Wang Y., Chen X.River chief system as a collaborative water governance

approach in China [J]. International journal of water resources development, 2020, 36(4):610-630.

[69] Wesselink A., Paavola J., Fritsch O., et al. Rationales for public participation in environmental policy and governance: practitioners' perspectives [J]. Environment & planning A, 2011, 43(11):2688-2704.

[70] While A., Jonas A.E.G., Gibbs D. From sustainable development to carbon control: eco-state restructuring and the politics of urban and regional development [J]. Transactions of the institute of British geographers, 2010, 35(1):76-93.

[71] While A., Littlewood S., Whitney D. A new space for sustainable development? Regional environmental governance in the North West and the West Midlands of England [J]. Town planning review, 2000, 71(4):359-413.

[72] Whitehead M. Spaces of sustainability: geographical perspectives on the sustainable society [M]. London : Routledge, 2007.

[73] Xu M., Wu J.Can Chinese-style environmental collaboration improve the air quality? A quasi-natural experimental study across Chinese cities [J]. Environmental impact assessment review, 2020, 85(4):106466.

[74] Yao X., He J., Bao C. Public participation modes in China's environmental impact assessment process: an analytical framework based on participation extent and conflict level [J]. Environmental impact assessment review, 2020(84):1-12.

[75] Yi H., Huang C., Chen T. et al. Multilevel environmental governance: vertical and horizontal influences in local policy networks [J].

Sustainability, 2019, 11(8):2390.

[76] Yi H., Suo L., Shen R., et al. Regional governance and institutional collective action for environmental sustainability [J]. Public administration review, 2018(4):556-566.

[77] Zhang T., Chen C. The effect of public participation on environmental governance in China–based on the analysis of pollutants emissions employing a provincial quantification [J]. Sustainability, 2018, 10(7):1-20.

[78] Zhao Z. Measurement of production efficiency and environmental efficiency in China's province-level: a by-production approach. [J]. Environmental Economics and Policy Studies, 2017, 9:735-759.

[79] 奥斯特罗姆.公共事物的治理之道——集体行动制度的演进 [M]. 余逊达，陈旭东，译.上海：上海译文出版社，2012.

[80] 安虎森，周亚雄，颜银根.新经济地理学视域下区际污染、生态治理及补偿 [J].南京社会科学，2013（1）：15-23.

[81] 威廉姆森.治理机制 [M].石烁，译.北京：机械工业出版社，2016.

[82] 威廉姆森.市场与层级制 [M].蔡晓月，译.上海：上海财经大学出版社，2011.

[83] 薄文广，徐玮，王军锋.地方政府竞争与环境规制异质性：逐底竞争还是逐顶竞争？ [J]. 中国软科学，2018（11）：76-93.

[84] 杰索普，程浩.治理与元治理：必要的反思性、必要的多样性和必要的反讽性 [J]. 国外理论动态，2014（5）：14-22.

[85] 杰索普，漆燕.治理的兴起及其失败的风险：以经济发展为例的论述 [J]. 国际社会科学杂志（中文版），1999（1）：3-5.

[86] 蔡岚. 协同治理：复杂公共问题的解决之道 [J]. 暨南学报（哲学社会科学版），2015，37（2）：110-118.

[87] 蔡岚. 粤港澳大湾区大气污染联动治理机制研究——制度性集体行动理论的视域 [J]. 学术研究，2019（1）：56-63.

[88] 曹慧丰，毕巍强，曾诗鸿. 产业结构调整的大气污染治理效应——以河北省为例 [J]. 管理世界，2015（12）：182-183.

[89] 科尔斯塔德. 环境经济学 [M]. 2 版. 彭超，王秀芳，译. 北京：中国人民大学出版社，2016：306.

[90] 柴发合. 我国大气污染治理历程回顾与展望 [J]. 环境与可持续发展，2020，45（3）：5-15.

[91] 陈瑞莲，杨爱平. 从区域公共管理到区域治理研究：历史的转型 [J]. 南开学报（哲学社会科学版），2012（2）：48-57.

[92] 陈润羊，花明，张贵祥. 我国生态文明建设中的公众参与 [J]. 江西社会科学，2017，37（3）：63-72.

[93] 陈润羊，张贡生. 清洁生产与循环经济：基于生态文明建设的理论建构 [M]. 太原：山西经济出版社，2014.

[94] 陈润羊，张贵祥，胡曾曾，等. 京津冀区域生态文明评价研究 [J]. 环境科学与技术，2018（6）：188-196.

[95] 陈润羊，张永凯. 新农村建设中环境经济协同机制研究 [J]. 农业现代化研究，2016，37（4）：769-776.

[96] 陈润羊. 西部地区新农村建设中环境经济协同模式研究 [M]. 北京：经济科学出版社，2017.

[97] 陈诗一，陈登科. 雾霾污染、政府治理与经济高质量发展 [J]. 经济研究，2018，53（2）：20-34.

[98] 程栋，周洪勤，郝寿义 . 中国区域治理的现代化：理论与实践 [J]. 贵州社会科学，2018（3）：123-130.

[99] 戴亦欣，孙悦 . 基于制度性集体行动框架的协同机制长效性研究——以京津冀大气污染联防联控机制为例 [J]. 公共管理与政策评论，2020（4）：15-26.

[100] 杜雯翠，夏永妹 . 京津冀区域雾霾协同治理措施奏效了吗？——基于双重差分模型的分析 [J]. 当代经济管理，2018，40（9）：53-59.

[101] 段娟 . 新时代中国推进跨区域大气污染协同治理的实践探索与展望 [J]. 中国井冈山干部学院学报，2020，13（6）：45-54.

[102] 郭进，徐盈之 . 公众参与环境治理的逻辑、路径与效应 [J]. 资源科学，2020，42（7）：1372-1383.

[103] 何爱平，安梦天 . 地方政府竞争、环境规制与绿色发展效率 [J]. 中国人口·资源与环境，2019，29（3）：21-30.

[104] 贺灿飞，周沂 . 环境经济地理 [M]. 北京：科学出版社，2016.

[105] 戴利 . 稳态经济新论 [M]. 季曦，骆臻，译 . 北京：中国人民大学出版社，2020.

[106] 戴利，法利 . 生态经济学：原理和应用 [M]. 2 版 . 金志农，陈美球，蔡海生，译 . 北京：中国人民大学出版社，2014.

[107] 洪大用 . 经济增长、环境保护与生态现代化——以环境社会学为视角 [J]. 中国社会科学，2012（9）：82-99，207.

[108] 胡琳，曹红利，张文静，等 . 西安市环境空气质量变化特征及其与气象条件的关系 [J]. 气象与环境学报，2013，29（6）：150-153.

[109] 胡志高，李光勤，曹建华 . 环境规制视角下的区域大气污染联合治理——分区方案设计、协同状态评价及影响因素分析 [J]. 中国工业

经济，2019（5）：26-44.

[110] 环境保护部，国家质量监督检验检疫总局 . GB3095-2012 环境空气质量标准 [S]. 北京：中国环境出版社，2019.

[111] 姜流，杨龙 . 制度性集体行动理论研究 [J]. 内蒙古大学学报（哲学社会科学版），2018，50（4）：96-104.

[112] 姜佳莹，胡鞍钢，鄢一龙 . 国家五年规划的实施机制研究：实施路径、困境及其破解 [J]. 西北师范大学学报（社会科学版），2017，54（3）：24-30.

[113] 解振华 . 中国改革开放 40 年生态环境保护的历史变革——从"三废"治理走向生态文明建设 [J]. 中国环境管理，2019，11（4）：5-10，16.

[114] 金刚，沈坤荣 . 以邻为壑还是以邻为伴？——环境规制执行互动与城市生产率增长 [J]. 管理世界，2018，34（12）：43-55.

[115] 金刚，沈坤荣 . 中国地方政府环境治理的政策效应——基于"河长制"演进的研究 [J]. 中国社会科学，2018，269（5）：92-115.

[116] 拉沃斯 . 甜甜圈经济学 [M]. 闻佳，译 . 北京：文化发展出版社，2019.

[117] 库拉 . 环境经济学思想史 [M]. 谢扬举，译 . 上海：上海人民出版社，2007.

[118] 李辉，黄雅卓，徐美宵，等 . "避害型"府际合作何以可能？——基于京津冀大气污染联防联控的扎根理论研究 [J]. 公共管理学报，2020，17（4）：53-61，109，168.

[119] 李汉卿 . 协同治理理论探析 [J]. 理论月刊，2014（1）：138-142.

[120] 李衡，韩燕 . 黄河流域 PM 2.5 时空演变特征及其影响因素分析 [J].

世界地理研究，2022，31（1）：130-141.

[121] 李建明，罗能生.高铁开通改善了城市空气污染水平吗？[J].经济学（季刊），2020，19（4）：1335-1354.

[122] 李静，杨娜，陶璐.跨境河流污染的"边界效应"与减排政策效果研究——基于重点断面水质监测周数据的检验[J].中国工业经济，2015（3）：31-43.

[123] 李兰冰.中国区域协调发展的逻辑框架与理论解释[J].经济学动态，2020（1）：69-82.

[124] 李牧耘，张伟，胡溪，等.京津冀区域大气污染联防联控机制：历程、特征与路径[J].城市发展研究，2020，27（4）：97-103.

[125] 李文钊.理解治理多样性：一种国家治理的新科学[J].北京行政学院学报，2016（6）：47-57.

[126] 菲沃克.大都市治理：冲突、竞争与合作[M].许源源，等译.重庆：重庆大学出版社，2012：48-55.

[127] 刘爱君，杜尧东，王惠英.广州灰霾天气的气候特征分析[J].气象，2004（12）：68-71.

[128] 刘安国，张克森，杨开忠.环境外部性之下的经济空间优化和区域协调发展——一个扩展的新经济地理学模型[J].经济问题探索，2015（12）：91-99.

[129] 刘秉镰，朱俊丰，周玉龙.中国区域经济理论演进与未来展望[J].管理世界，2020（2）：182-194.

[130] 刘华军，杜广杰.中国城市大气污染的空间格局与分布动态演进——基于161个城市AQI及6种分项污染物的实证[J].经济地理，2016，36（10）：33-38.

[131] 刘君德. 中国行政区经济与行政区划：理论与实践 [M]. 南京：东南大学出版社，2015.

[132] 马勇，童昀，任洁，等. 公众参与型环境规制的时空格局及驱动因子研究——以长江经济带为例 [J]. 地理科学，2018，38（11）：1799-1808.

[133] 奥尔森. 集体行动的逻辑——公共物品与集团理论 [M]. 陈郁，郭宇峰，李崇新，译. 上海：格致出版社，上海人民出版社，2015：35.

[134] 毛春梅，曹新富. 大气污染的跨域协同治理研究——以长三角区域为例 [J]. 河海大学学报（哲学社会科学版），2016，18（5）：46-51，91.

[135] 潘家华. 新中国 70 年生态环境建设发展的艰难历程与辉煌成就 [J]. 中国环境管理，2019，11（4）：17-24.

[136] 秦书生，王艳燕. 建立和完善中国特色的环境治理体系体制机制 [J]. 西南大学学报（社会科学版），2019，45（2）：13-22，195.

[137] 曲格平. 梦想与期待：中国环境保护的过去与未来 [M]. 北京：中国环境科学出版社，2000：12.

[138] 沈坤荣，金刚，方娴. 环境规制引起了污染就近转移吗？ [J]. 经济研究，2017，52（5）：44-59.

[139] 沈坤荣，周力. 地方政府竞争、垂直型环境规制与污染回流效应 [J]. 经济研究，2020，55（3）：35-49.

[140] 沈满洪，程华，陆根尧. 生态文明建设与区域经济协调发展战略研究 [M]. 北京：科学出版社，2012.

[141] 石敏俊. 中国经济绿色发展理论研究的若干问题 [J]. 环境经济研究，2017，2（4）：1-6，92.

[142] 孙久文. 新时期中国区域发展与区域合作 [J]. 开放导报，2017（2）：7-12.

[143] 锁利铭，李雪. 从"单一边界"到"多重边界"的区域公共事务治理——基于对长三角大气污染防治合作的观察 [J]. 中国行政管理，2021（2）：92-100.

[144] 陶希东. 中国跨界区域管理：理论与实践探索 [M]. 上海：上海社会科学院出版社，2010.

[145] 藤田昌久，克鲁格曼，维纳布尔斯. 空间经济学 [M]. 梁琦，等译. 北京：中国人民大学出版社，2013.

[146] 田培杰. 协同治理概念考辨 [J]. 上海大学学报（社会科学版），2014，31（1）：124-140.

[147] 田玉麒. 破与立：协同治理机制的整合与重构——评 Collaborative Governance Regimes[J]. 公共管理评论，2019（2）：131-143.

[148] 万军明. 中国香港清洁生产伙伴计划对珠江三角洲地区节能减排效果的探讨 [J]. 环境污染与防治，2009，31（8）：93-95.

[149] 王金南，宁淼，孙亚梅. 区域大气污染联防联控的理论与方法分析 [J]. 环境与可持续发展，2012（5）：5-10.

[150] 王浦劬，臧雷振. 治理理论与实践：经典议题研究新解 [M]. 北京：中央编译出版社，2017：302-329.

[151] 王恰，郑世林. "2+26"城市联合防治行动对京津冀地区大气污染物浓度的影响 [J]. 中国人口·资源与环境，2019，29（9）：51-62.

[152] 王亚华，舒全峰. 公共事物治理的集体行动研究评述与展望 [J]. 中国人口·资源与环境，2021，31（4）：118-131.

[153] 王艳丽，钟奥. 地方政府竞争、环境规制与高耗能产业转移——基

于"逐底竞争"和"污染避难所"假说的联合检验 [J]. 山西财经大学学报，2016，38（8）：46-54.

[154] 王玉明. 粤港澳大湾区环境治理合作的回顾与展望 [J]. 哈尔滨工业大学学报（社会科学版），2018，20（1）：117-126.

[155] 鲍莫尔，奥茨. 环境经济理论与政策设计 [M]. 2 版. 严旭阳，等译. 北京：经济科学出版社，2003：255.

[156] 卫梦星. 基于微观非实验数据的政策效应评估方法评价与比较 [J]. 西部论坛，2012，22（4）：42-49.

[157] 魏娜，孟庆国. 大气污染跨域协同治理的机制考察与制度逻辑——基于京津冀的协同实践 [J]. 中国软科学，2018（10）：79-92.

[158] 吴鹏，胡启洲，杨莹，等. 车辆排放对大气污染的模糊监测及神经预测模型 [J]. 交通科技与经济，2016，18（6）：65-74.

[159] 徐嫣，宋世明. 协同治理理论在中国的具体适用研究 [J]. 天津社会科学，2016（2）：74-78.

[160] 薛文博，付飞，王金南，等. 中国 PM 2.5 跨区域传输特征数值模拟研究 [J]. 中国环境科学，2014，34（6）：1361-1368.

[161] 杨开峰，邢小宇，刘卿斐，等. 我国治理研究的反思（2007—2018）：概念、理论与方法 [J]. 行政论坛，2021，28（1）：119-128.

[162] 杨开忠. 以提升国土空间品质驱动高质量发展 [J]. 中国国情国力，2021（2）：1.

[163] 杨斯悦，王凤，刘娜.《大气污染防治行动计划》实施效果评估：双重差分法 [J]. 中国人口·资源与环境，2020，30（5）：110-117.

[164] 余东华，邢韦庚. 政绩考核、内生性环境规制与污染产业转移——

基于中国 285 个地级以上城市面板数据的实证分析 [J]. 山西财经大学学报，2019，41（5）：1-15.

[165] 俞可平. 治理和善治引论 [J]. 马克思主义与现实，1999（5）：37-41.

[166] 托马斯. 公共决策中的公民参与 [M]. 孙柏瑛，译. 北京：中国人民大学出版社，2010.

[167] 张贵祥，陈润羊，胡曾曾，等. 京津冀生态文明指数研究 [C]// 祝合良，叶堂林，张贵祥，等. 京津冀蓝皮书：京津冀发展报告（2017）：协同发展的新形势与新进展. 北京：社会科学文献出版社，2017：73-94.

[168] 张贵祥. 首都跨界水源地经济与生态协调发展模式与机理 [M]. 北京：中国经济出版社，2010.

[169] 张华，唐珏. 官员变更与雾霾污染——来自地级市的证据 [J]. 上海财经大学学报，2019，21（5）：110-125.

[170] 张华. 地区间环境规制的策略互动研究——对环境规制非完全执行普遍性的解释 [J]. 中国工业经济，2016（7）：74-90.

[171] 张可. 市场一体化有利于改善环境质量吗？——来自长三角地区的证据 [J]. 中南财经政法大学学报，2019（4）：67-77.

[172] 张可云，何大梽. 改革开放以来中国区域管理模式的变迁与创新方向 [J]. 思想战线，2019，45（5）：129-136.

[173] 张可云. 生态文明的区域经济协调发展战略 [M]. 北京：北京大学出版社，2014.

[174] 张文彬，张理芃，张可云. 中国环境规制强度省际竞争形态及其演变——基于两区制空间 Durbin 固定效应模型的分析 [J]. 管理世界，

2010（12）：34-44.

[175] 赵志华，吴建南.大气污染协同治理能促进污染物减排吗？——基于城市的三重差分研究 [J].管理评论，2020，32（1）：286-297.

[176] 郑思齐，万广华，孙伟增，等.公众诉求与城市环境治理 [J].管理世界，2013（6）：78-90.

[177] 中共中央组织部.贯彻落实习近平新时代中国特色社会主义思想、在改革发展稳定中攻坚克难案例·生态文明建设 [M].北京：党建读物出版社，2019.

[178] 周黎安.转型中的地方政府：官员激励与治理 [M].2 版.上海：格致出版社，2017.

[179] 周亮，周成虎，杨帆，等.2000—2011 年中国 PM 2.5 时空演化特征及驱动因素解析 [J].地理学报，2017，72（11）：2079-2092.

[180] 周雪光.中国国家治理的制度逻辑：一个组织学研究 [M].北京：生活·读书·新知三联书店，2017.

[181] 周亚雄，张蕊.公众参与环境保护的机制与效应——基于中国 CGSS 的经验观察 [J].环境经济研究，2020，5（3）：76-97.

[182] 朱向东，贺灿飞，李茜，等.地方政府竞争、环境规制与中国城市空气污染 [J].中国人口·资源与环境，2018，28（6）：103-110.

后　记

本书是在我博士学位论文的基础上修订而成的，因此，这篇后记更多是从读博生涯的总结和感悟的角度来谈的，主体内容也来自2021年5月撰写的博士论文"致谢"部分。

终于到了可以写"致谢"的时候了！坦率地说，等这一天等得有些焦灼，在论文外审结果无消息之前我心里一直很忐忑，对于论文能否通过外审，心里确实没有把握。当教育部组织双盲评审5位专家同意答辩的评判结果出来时，我觉得自己很幸运，也很惊喜。然而，我内心亦诚惶诚恐，尽管读博5年来我投入了几乎所有的精力和时间，但跨专业读博、思维已趋定势、写作风格短期内难以改弦更张等种种主客观因素，让我担心能否踏上博士毕业这条路。也许对于这一天期盼太久，看到彼岸的曙光时除了惊喜又有些无所适从。

还记得，大概2020年四五月份，接到通知让我们退出宿舍，当时我不由感慨：天下之大竟放不下一张平静的书桌！后虽经证实系误传引起的一场虚惊，但此时此刻深感走到今日的不容易。在学校提供住宿的5年内毕业意味着，在1.64万平方千米、2000多万人聚集的偌大首都，从1400多千米之外来，拥有一张平静的书桌和一张可供安歇的床铺静静求学的我，再也没有了被扫地出门而流落街头的风险了。对此，我心存感激！感激首都经济贸易大学的宽容大度，更感激作为我读书生涯中最后一站的这第三所大学"小而美"的气质给予我的精神涵养！

读博五载不算短，但我总有岁月不居、时节如流之感。本可在第二年开题因未准备好研究主题而延至第三年，计划学制 4 年内完成的学业也推到了 5 年，毕业论文写作的计划也总是一延再延，以至于在预答辩前数天才完成了成体系的初稿，提交外审也是赶在截止时刻前。这样的一拖再拖，很不符合我一贯"凡事预则立"的做法，却有"不预则废"的担心和"总是准备不好"的顾虑。读博读到 5 年，既有专业补缺的客观缘由，更有对学术心存敬畏的主观因素。

犹记得 5 年前博士入学面试时的情景。首先要感谢我的导师张贵祥老师的接纳和认可，才使我有了不断领略经济学奥妙的机会。入学不久，我就得到他的著作《首都跨界水源地经济与生态协调发展模式与机理》，该书从理论上提出了"生态区位论"的框架和"级差生态成本"的概念，他一直以来的期望是学生们能在此基础上继续探索。于我而言，我本科、硕士的学科背景是环境科学与工程，读博之前主持完成了环境经济协同模式方面的国家社科基金，而所读博士专业区域经济学有其研究范式，在综合考虑前期积累、研究兴趣和创新可能等因素后，我便选择了"区域环境协同治理"这个主题，而这与张老师的研究方向还是稍有偏离的，难能可贵的是，张老师给予了理解和支持，并悉心指导了我的论文写作。他每年都会资助学生们购书，但对书目从不指定。正是他的包容大度和开阔胸襟才给予了学生们自由成才的空间。他一直都很重视理论和实践的结合。2017 年 9 月，他创造条件让我带队对张家口进行了为期一周的实地调研。2018 年 10—11 月，通过参加北京市委"深改办"委托的生活垃圾分类第三方评估课题，我几乎跑遍了北京市的 16 区。所有这些实践和调研都增强了我们对现实世界的感性认识。当获知我要将论文出版成书时，他也积极支持并提纲挈领、字斟句酌地撰写了专著的序言。虽然我们不一定能达到他的所有期待，但张老师的温和睿达乃是学生之福！对此，我心存感激！

也记得当年入学面试时，安树伟老师指出我最大的不足是没有经过经济学的系统训练。对此，我也一直铭记于心并时时警醒自己！我也总能第一时间拜读他赠送的新出论著。从他身上，我看到了一位学者的渊博、严谨、专注和热情。5 年来，一些让我困惑的学术问题，也总能得到他高屋建瓴、不厌其烦的指点。对此，我也深怀感激！

5 年中，前两年我完全在北京，后 3 年，除了 2019 年 9 月到 2020 年 9 月整整一年因评职称和新冠肺炎疫情缘由在兰州，大多情形是在金城和京城两地之间的来去奔波。5 年来，我的生活由上课、读书、思考、听报告、做课题、搞调研和写论文等构成。

在正常培养计划外，我分别跟着本校的陈飞、肖周燕老师听了"区域经济学""环境经济学"，也跑去中国人民大学听了刘守英老师的"发展经济学"等课程，自己也补读了《西方经济学》以及孙久文、安虎森、郝守义分别主编的三本区域经济学的教材，魏后凯的教材尚未读完。于中，我发现自己还是很喜欢读书并很享受读书的过程。

5 年来，我阅读了区域与城市经济学、生态与环境经济学、农业经济学以及无法按学科归类的学人传记、热点中国经济问题、甘肃地域问题等方面的论著，初步统计不下 130 本。也听了校内外感兴趣的、有需要的、各类主题的学术报告，估计在 130 场、200 位主讲人以上，还作为学员参加了中国人民大学经济学院组织的为期一周的"中特班"的集中培训，印象中去中国人民大学、北京大学、清华大学、中国社会科学院和中国农业大学应该是最多的，并尽可能向主讲人当面请教相关问题。可惜的是，2020年后无法到现场领略大家风采了，只能通过云端视频远程观看了。有趣的是，有的报告人是我读过的书的作者、有的报告人成了我之后读的书的作者。

我有幸全程参与了北京大学教授、中国区域科学学会会长，现任中国社会科学院大学应用经济学院院长兼中国社会科学院生态文明研究所党委书记、时任首都经济贸易大学副校长的杨开忠老师主持的、有关我的家乡的一个课题，并从中领略了大家风范！并在他主撰的《乡村振兴地方品质驱动战略研究》一书中承担了单独章节的撰写工作，也由此发现了自己"空间"概念的贫乏，而如何从全国、省域、县域不同空间尺度思考问题，还需继续探索。当然，在开放的学习环境中，我也通过微信群、公众号的讨论、留言等方式请教困惑的问题，幸运的是，我曾得到国务院发展研究中心周宏春、清华大学戴亦欣、中国人民大学毛寿龙、上海财经大学田国强、复旦大学李志青和唐亚林、同济大学诸大建、浙江大学赵伟等著名学者指点迷津，有的人我们还加了微信，这些学术前辈提携后辈、探求真知的品格令人敬佩！对此，我亦心存感激！

读万卷书、行万里路，一直以来都是知行合一的主要途径，我个人理解应该还需要将读、行、思（思考）、悟（体验、体悟、觉悟、顿悟等）结合起来，才能化解知行之间的矛盾，而将理论探索、实践践行、世间体验、人生体悟等融为一体，乃是最高境界和理想模式。5年来，因课题调研、参加会议、各类出游、专为体验不同的风土人情等缘由，我的足迹遍及11个省域、39个地市（区）：京津冀鲁苏等东部的5地、晋豫湘鄂等中部的4省、陇秦等西北的2省，其中，首次去的省份有津冀鲁、晋豫湘等6地。这些行程，有的提前谋划、有的临时起意，有的走马观花、有的深入调研，有的因需而去、有的乘兴而去，有的惊鸿一瞥、有的慢慢品味。对此，我亦心存感怀！

学位论文的写作和完善，同时也得到了其他诸多专家学者的指导。开题报告阶段，全国经济地理研究会会长、中国人民大学的孙久文教授担任组长，首都经济贸易大学的张强和安树伟等老师组成论证委员会；预答辩阶段，国家发改委国土所所长高国力、首都经济贸易大学的段霞、安树伟、吴康等老师；答辩阶段，时任中国区域科学学会理事长、中国宏观经济研究院的肖金成研究员担任主席，中国人民大学付晓东、首都师范大学吕拉昌、国家发改委国土所黄征学、中国地质大学吴三忙等组成答辩委员会。这些专家都从不同角度指出了我论文的不足、提出了真知灼见。对此，我深表谢意！其中，肖金成老师还拨冗为本书撰写序言，更是让我感动！

浙江大学出版社蔡圆圆、曲静等编辑的专业素养和敬业精神，令人敬佩！

由论文的撰写过程以及之前的研究经历，也可窥探时代的变迁。因其他渠道找不到研究所需的部分数据，我向国家发改委和生态环境部申请公开节能和环保方面的数据，得到了工作人员的主动联系和热心协助。回想10年前，因我主持国家社科项目研究之需，向一些省级政府网站申请公开相关文件，却未曾获得任何回应。

感谢诸多老师的授业解惑！许多同学、同门也给予了协助和支持，如：曾曾、瑞祥、紫君、博凯、吕鹏、晋晋、琳琳、瑞娟、文迁、双悦、文静等博士和硕士。亦感谢我的硕导东华理工大学花明老师一直以来的关心和帮助！也感激我的工作单位兰州财经大学的理解和支持，让我可以脱产 5 年静心读书！我也不能忘记张贡生、张永凯、陈冲等同事、朋友的鼓励和协助！当然，读博生活中还有另外的快乐和收获，与郁鹏、正浩、海鹏、孙铮、张凡、赵静、俊锋、宇航等好友把酒言欢、高谈阔论的时光令人难忘！另外，首都经济贸易大学和兰州财经大学图书馆，作为喧嚣世界的平静方舟，也将长驻我心。曾经有一段时间，我总是最早到、最晚离，有时给工作一天等着下班回家、休息的馆员、保安造成了困扰，并非我不遵守管理秩序，实乃一旦投入就忘了时间。好在几位馆员、保安对此有所理解。后来，我和他们之间也有了攀谈和交流。对此，我同样心存感激！

当年我们同级的博士同学中，有的已毕业，有的至今还在奋战着。我自知即使终其一生也不可能像有的同学那样能在《经济研究》《管理世界》这样顶级的刊物上发表文章，虽不能至然心向往之。自知的是"知不知"，向往的是对学术的敬畏和谦卑！不管怎样，能与天南海北、各有特点的同学一起求学问道，也是人生一大乐事也！

我更不能忘记亲人无怨无悔、一如既往的付出和支持。没有母亲和妻子的承担，我也不可能在而立趋向不惑的 5 年间，可以不去操心柴米油盐、不管周遭世事，而一心只读圣贤之书、明格物致知之理。但愿以后能有更多时间陪伴儿子，希望并相信他同样能够明白读书于人生意味着什么，尽管 6 岁的他早已不喜欢哪怕是爸爸的说教。欣慰的是，他早已显露出对阅读的喜爱，就是去姥爷家三两天也不忘带两本绘本，而这不能全归因于是我的影响。

需要感谢的人还有很多，抱歉不能一一列出，我只能留存心底了！我会铭记所有列出和未列出的关心者、帮助者、鼓励者和支持者，但需要申明的是，本人对这本书文责自负。

　　虽历经5年的学习和修行，但我尚不敢说自己已入了经济学这座神圣殿堂之门，但至少她给我打开了一扇窗，让我可以透过她宽宏的视野去观察和认识这个纷繁多变的世界。5年的时间虽长也短，这期间还有许多应读、必读的书，我还没有来得及研读。好在，我已经有了一个目前为止涵盖120本左右书目的"待读书单"了，也已暗下决心，将读书置于生命日程中的优先、核心位置，计划在未来5年，阅读不少于过去5年的书，并在余生继续研读这个动态的"待读书单"上的那些伟大思想。至少，让我所获的"经济学博士学位"能够名副其实！

　　读博的这5年，我也不断思索经济学"原初性假设"的价值和未来。是否应将亚当·斯密在《国富论》中提出的"理性人"假设与他在《道德情操论》中提出的"人性、正义、慷慨和公共精神"融为一体，才能还原经济学的本来面貌和丰富内涵？另外，吴敬琏在其《学术自传》中提出的"社会人""现实人"的假设，约翰·柯布（John Cobb）和赫尔曼·E.戴利（Herman E. Daly）在《21世纪生态经济学》中提出的"共同体人"（person-in-community）假设，以及凯特·拉沃斯（Kate Raworth）在《甜甜圈经济学》中提出的"经济人"的3幅画像——构成社群的人类、充当播种和收割者的人类、作为杂耍演员的人类等，这些探索性的"原初性的假设"可能都会给经济学大厦的完善带来新的启示。

　　经济学不只是客观冷静的数据和模型，她还应该是有"温度"的，她应能更好地关怀现实世界和芸芸众生。"铁肩担道义、妙手著文章"对于真正的经济学学人也应是统一的、不可分割的。

　　5年来，我也为甘肃这片生我养我的地方的发展而困惑和忧虑。甘肃拥有8000年历史，人均GDP却连年全国垫底，她到底怎么了？我也努力用区域经济学等理论去寻求解答。在聆听学术报告中，我除了向许多专家请教与报告主题有关的问题，大多情况下也会请教与甘肃相关的问题。这几年，我主笔的 2 份咨政报告也曾获得甘肃省委书记和省长的肯定性批示；独立撰写的 3 份决策建言被登载在供省级领导决策参阅的内刊上；所提出的有关"培育区域增长极体系""实施黄河流域方略"等政策建议也被《甘肃省国民经济和社会发展第十四个五年规划和二〇三五年远景目标纲要》采纳。人口"七普"数据公布后，我关注到的其中一点便是甘肃人口比重的下降。多年来，甘肃国土面积、人口、经济占据全国的比重有"4%、2%、1%"的说法，然而，经济早已低于 1%，人口也从 10 年前的 1.91% 降为现在的 1.77% 了。当然，我明白人口流动的趋势。但甘肃的出路到底在何方？对于这一问题的探究将是我未来思索的重点方向之一。

犹记得，2015 年 12 月，我来北京博士面试时在学校周边住宿过的那家宾馆，但它早已被围墙围住一直到现在都未能营业。也犹记得，学校西门外的那家打印店里有 2 个小孩在灯下趴在杂乱的桌子上做作业的情景。有时晚上 10 点多，我会去校门外打印材料，顺便走走路、透透气，也会和老板攀谈几句，而这家打印店现在也早已关门并闲置数年了。前几日路过时，我留意到那里似乎已变成一个快递收集点。而原来打印店的老板、老板娘和 2 个小孩早已不知去了哪里。

读书是读书人一生未竟的修行。我感激生命中有此机缘，得遇良师、得遇同道，与书相伴、拜贤问道！人生何幸乎？！

此刻，我坐在图书馆的窗前，"致谢"的写作也该打住了。打开窗户，微风拂面。眼前所及，杨柳依依。收拾行囊，挥手告别。但愿余生，与书相伴，不负春光……

在此，另录几首读博期间所填并与读书生活有关的习作于下，以铭记并感怀这段难忘的学术之旅，兼答谢各位师友。

读博述怀

赴京冰雪月犹悬，倏忽垂杨凝晓烟。

别业辞家追俊士，幽居苦索瞭前沿。

群书博览嫌天短，经济建模深夜眠。

不惑求衔因不惑，修行悟道意绵绵。

（平水韵，一先。2021 年 5 月 16 日作于首都经济贸易大学）

"中特"参会有感

人大仲秋升讲堂，巨儒论道导迷航。

凝声屏气听高见，袅袅余音绕上梁。

（平水韵，七阳。2019 年 9 月 5 日作于中国人民大学，参加了为期一周的"中国特色社会主义政治经济学理论与实践"的集中培训，14 场高水准报告，收获良多，特记之）

贺 Z 学友毕业

书生（女）毕业意如何，勇闯江湖历难多。

他日前程终是锦，犹怀往昔唱离歌。

（平水韵，五歌。2019 年 6 月底作于首都经济贸易大学，赠送 Z 学友）

京华求学中秋有感

人世奔流又一程，韶华易逝学难成。

未期园柳鸣禽变，三五枝头月照明。

（平水韵，八庚。2020年10月1日作于首都经济贸易大学，是日庚子中秋兼国庆）

庆阳参"黄河"会有感

（一）

陇东暑月杏儿香，极目麦田风卷狂。

寻道黄河路何有？聆听高士讲真章。

（二）

英杰当年经略忙，红区薪火在南梁。

青山绿水谋新路，兴市富民图自强。

〔平水韵，七阳。2020年6月5日"世界环境日"作于甘肃庆阳，参加了2020年黄河流域生态保护与高质量发展生态环境（甘肃）高峰论坛〕

毕业谢老师

恩师指导数年功，研学选题有异同。

一意追思天下问，高情原在不言中。

（平水韵，一东。2021年5月16日作于首都经济贸易大学，铭记诸多老师的指导、鼓励、帮助和支持）

最后，特附程耀荣先生的赠诗一首，鸣谢程先生的鼓励和对我诗词写作方面的指导。

润羊中举

悠悠五载客京华，只顾前行少顾家。

索隐穷经熬月夜，求知问道走天涯。

心中夙有十分志，书海亦藏一片霞。

不惑之年攻学位，功成冠戴放心花。

（有感于陈润羊荣获首都经济贸易大学博士学位，程耀荣 2021 年 6 月 24 日
作于兰州）

陈润羊

二〇二二年六月五日"世界环境日"于金城兰州